位置敏感探测器的定位及结构改进研究

WENZHI MINGAN TANCEQI DE DINGWEI
JI JIEGOU GAIJIN YANJIU

席 锋 秦华锋◎著

重庆大学出版社

内容简介

本书系统地介绍了幅值法和相位法的定位原理,设计了相应的定位测试系统,并进行了实验测试。针对实验测试中发现的问题:光电流弱和易受环境光干扰,提出了通过结构改进增强横向光电效应的方法,建立了谐振腔增强横向光电效应的理论依据;并通过量子效率和横向电势差的数值计算,对横向光电效应的增强效果进行了验证。

图书在版编目(CIP)数据

位置敏感探测器的定位及结构改进研究/席锋,秦华锋著.—重庆:重庆大学出版社,2016.5(2022.8重印)
ISBN 978-7-5624-9697-7

Ⅰ.①位… Ⅱ.①席…②秦… Ⅲ.①光电探测器—研究 Ⅳ.①TN215

中国版本图书馆 CIP 数据核字(2016)第 043403 号

位置敏感探测器的定位及结构改进研究
席 锋 秦华锋 著
策划编辑:杨粮菊

责任编辑:文 鹏 何 敏 版式设计:杨粮菊
责任校对:关德强 责任印制:张 策

*

重庆大学出版社出版发行
出版人:饶帮华
社址:重庆市沙坪坝区大学城西路 21 号
邮编:401331
电话:(023) 88617190 88617185(中小学)
传真:(023) 88617186 88617166
网址:http://www.cqup.com.cn
邮箱:fxk@ cqup.com.cn(营销中心)
全国新华书店经销
POD:重庆新生代彩印技术有限公司

*

开本:787mm×1092mm 1/16 印张:8.5 字数:196 千
2016 年 5 月第 1 版 2022 年 8 月第 2 次印刷
ISBN 978-7-5624-9697-7 定价:46.00 元

前　言

位置敏感探测器是一种对入射光斑重心敏感的光电传感器,常被用于检测入射光斑位置。其物理机制是横向光电效应,当半导体 PN 结在非均匀光照下,在结面上激励光生载流子,即电子空穴对,并在横向电势差的作用下,在结面上扩散形成横向扩散电流输出。它是精密测量、精确定位的一种重要部件和功能部件,在目标探测(如同轴对准、激光定位、目标追踪等)、位移测量(如微位移测量、角位移测量)、位置检测(如爬壁机器人检测、盾构姿态检测)、高能粒子、射线探测等领域发挥重要作用。

在之前的研究中,笔者对位置敏感探测器的定位方法作了全面的研究。分析输出信号的特征,从电流信号中提取不同的信息,实现幅值法和相位法定位,分别制订了相应的测试方案,并进行了实验测试。在实验测试过程中,发现输出信号弱、易受环境光干扰的现象,提出了通过改进结构增强横向光电效应来解决这些问题。现将这些内容作系统整理,以供读者参考。

全书内容共分 6 章,各章内容大致如下:第 1 章介绍位置敏感探测器的产生及发展历程,并举例说明其在实际中的应用;第 2 章介绍位置敏感探测器的物理机制,说明非均匀光照时 PN 结横向光电效应的机理及数学描述——Lucovsky 方程,介绍一维和二维位置敏感探测器的 RC 传输线模型、特性参数、影响性能的因素;第 3 章介绍位置敏感探测器的幅值法定位检测,从物理机制的理论结果,对一维和二维位置敏感探测器,分别求解 Lucovsky 方程得到光电流的解析解,重点介绍利用幅值法实现单光束和多光束检测的原理,设计了相应的检测系统,并进行了实验验证;第 4 章介绍了相位法定位检测,介绍了位置敏感探测器对调制光源的响应特性,说明了相位法单光束和多光束检测的原理,设计了相应的检测系统,对单光束和多光束进行了实验验证;第 5 章介绍了谐振腔增强横向光电效应的机理,针对实验检测中输出光电流信号弱,且易受环境光干扰的现象,提出通过结构改进,利用谐振腔结构提升位置敏感探测器性能;重点介绍了谐振腔增强横向光电效应的原理以及理论基础,设计了谐振腔结构,并对增强效果作了初步的数值验证;第6章为谐振腔增强型结构位置敏感探测器的仿真验证,首先分析其等效结构,计算了谐振腔激活介质的量子效率,然后利用差分求解法,对Poisson方程和电流连续方程进行求解,数值计算了输出光电流信号,并与普通PN结的结果进行了比较。

由于作者水平有限,书中不妥之处在所难免,热忱欢迎读者给予批评指正。

席　锋　秦华锋
2015 年 10 月

目录

第 1 章
位置敏感探测器概述

1.1　位置敏感探测器的概述

位置敏感探测器(position sensitive detector, PSD)是一种非接触式的光电定位传感器,被广泛应用于工业生产、军事和科学研究。相比其他的非接触式定位光电器件,如象限探测器(quadrant detector),电荷耦合器件(charge couple device, CCD),PSD 的光敏面连续、无盲区,且后续信号处理电路简单,在精密测距、准确定位方面备受青睐。另外,集成的二维面阵 PSD 也被用于高能射线、粒子的探测。

位置敏感探测器(PSD)是一种基于非均匀半导体横向光电效应的、对入射光或粒子重心位置敏感的光电器件。与上述其他位置探测器完全不同的是,PSD 是一种连续型的模拟器件,克服了阵列型器件分辨率受像元尺寸限制的不足。PSD 的基本结构类似于光电二极管,一般的制作方法是在半导体衬底表面扩散或注入杂质形成 PN 结,并在扩散面的侧面形成电极,当光敏面被非均匀光照时,由于横向光电效应,在平行于结平面的方向形成电势差,光生电流在扩散层被分流,通过电极收集电流。由于从电极输出的电流与入射光斑的重心位置相关,根据输出的电流能连续、直接地检出入射光斑的重心位置。这种整体模拟输出的工作方式不需要扫描,特别具有优势,但也存在不能同时探测多个光斑的缺点。与其他光电位置探测器相比,PSD 具有分辨率高、响应速度快、信号处理相对简单、对光源、光学系统的要求比较低、光谱响应比较宽、检出位置的同时还能检出光强等优点。PSD 特别适用于位置、位移、距离、角度以及可以间接转化为光斑位置或位移的其他物理量的非接触高精度快速测量,可以广泛应用于工业检测和监控、土木工程、自动聚焦、汽车避障、航空对接、军事、高能物理实验、三维形貌测量、机器人传感和生物医学等领域,是一种具有广阔应用前景的器件。

1.2 PSD 的研究历史

1.2.1 PSD 的产生

PSD 的物理机理是横向光电效应,而横向光电效应的发现是偶然的。与其他科学研究中的发现一样,这种偶然也是大量研究的必然结果。1930 年,德国物理学家 Schottky 首次发现了横向光电效应并做了报道。他在研究金属-金属氧化物(Cu-Cu₂O)金属半导体结构时发现,如果用一束光照射金属氧化物(Cu₂O)表面,在金属氧化物(Cu₂O)边缘的金属电极上测得电流输出。并且进一步的研究表明,输出的光电流随入射光点与电极之间的距离的增加而呈指数下降。

由于对这一现象缺乏特别的关注,直到 1957 年 Wallmark 才再次对 N 型 Ge 和重掺杂的 P 型 In⁺ 半导体形成的 PN 结进行了研究。他用光照圆形 Ge-In 的半导体 P⁺N,在 N 型层上的两点之间再次发现了横向电势差,且电势差与光斑的位移近似成比例。针对这一现象,Wallmark 利用半导体内部的载流子基本传输理论,解释了横向光电效应形成的物理机制[2]。同时,他对不同类型掺杂情况下半导体 PN 的横向电势进行了研究,并计算了在 PN 结表面上横向电场的分布。在此基础上,首次制备出了如图 1.1 所示的测试样品,在结表面用点电极输出入射光激励的横向光电流,通常称此为点电极型或 Wallmark 型电极。并对横向光电效应的响应灵敏度与位置间的线性关系等进行了实验测试。这一研究首次制备了 PSD 的实验器件,并对其基本特性作了全面测试和详细分析,为 PSD 的研究和制备奠定了基础。

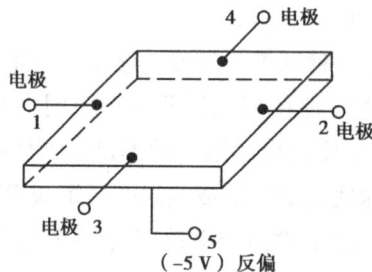

图 1.1 Wallmark 型电极 PSD

1.2.2 PSD 的国外研究状况

利用非均匀光照半导体 PN 结可以产生横向光电效应,而其物理机制的详细解释是由 Lucovsky 在 1960 年完成的。在 Wallmark 研究的基础上,Lucovsky 对 PN 结在非均匀光照时的横向光电效应作了细致深入的研究。他利用固体电子理论,结合电流的连续性方程和扩散方程,建立了横向电势在 PN 结表面分布的数学关系,描述了 PN 结电势的分布特征。通过严谨的理论推理,在考虑 PN 结的结宽度、结电容时,推出了横向电势的稳态分布函数。并利用格林函数对该二阶微分方程的解作了分析,给出了扩散电流与时间的依赖关系[3]。其总结出的

横向光电效应的数学描述,即 Lucovsky 方程为:

$$\frac{1}{\rho}\nabla^2\varphi(\vec{r},t)-\frac{J_s}{W_p}(e^{\frac{q\varphi(\vec{r})}{kT}}-1)-\frac{C}{W_p}\frac{\partial\varphi(\vec{r},t)}{\partial t}=\frac{qN(\vec{r},t)}{W_p} \tag{1.1}$$

这一结果解释了横向光电效应产生的物理机理并奠定了 PSD 的理论基础。

在理论完善的基础上,后续研究者逐渐开始了对 PSD 器件的研究。R.B.Owen 从理论出发,利用不同的边界条件,通过求解 Lucovsky 微分方程,得到了 PSD 输出光电流的数学表述形式[4]。利用半导体 Si 制备了一维 PSD 和二维 PSD 的样品,并对其进行了实验测试,对其响应特性、位置检测结果进行了分析和研究。图 1.2 所示直条形电极 PSD 是其所制备的实验器件。他们结合实际电路,从理论分析了输出电压幅值,详细研究了电路测试的信噪比、位置分辨率,并分析了测试系统的噪声以及相互影响作用。

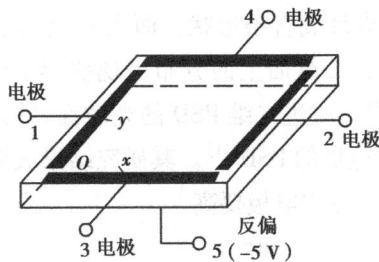

图 1.2　四边形电极 PSD

由于 PN 结可以工作在零偏、反偏和正偏模式,在不同的偏置方式,有不同的响应特性。因此,1971 年,P.Connors 对完全反偏模式下的 Schottky 结的横向光电效应进行了研究[5]。在 Lucovsky 解释横向光电效应的物理机制基础上,建立了一维 Schottky 结横向光电效应的理论描述。当一维 Schottky 结在完全反偏时,得到了相应的 AC 等效电路。利用一维 Schottky 结的自然边界条件求解了横向电势,并分析了横向光电效应的暂态响应特性。

在此之前,关于 PSD 的研究主要集中在其物理机制和原理实现上。到了 20 世纪 70 年代后,随着理论的完善和成熟,其研究方向开始以改善 PSD 性能为主。1975 年,J.Woltring 报道了关于直条形电极 PSD 的研究成果[6]。首先,他以 Lucovsky 方程为基础,分析了 PSD 在零偏和反偏条件下,不同电极形式的响应特点。实际上,电极的不同结构形式,决定了不同的边界条件。对二维直条形电极 PSD,给出了单轴和双轴时横向电势的数值解,将其与 Wallmark 型电极(点电极)的结果进行了比较。其中,重点研究了如图 1.3 的二维直条形电极双面分流型 PSD。对直条形电极单面分流和双面分流的二维 PSD 的横向电势特性进行了比较,分析了位置响应特性,以及研究了双面电极分流型 PSD 的温度依赖性、暂态响应和噪声特性等。

随后,Noorlag 在 1979 年也对直条形电极和双面分流型电极的二维 PSD 线性度作了进一步的研究[7]。他们利用标准的平面硅加工和 IC 集成技术,将二维 PSD 及相应的信号处理电路集成为一个芯片,其光敏面面积为 6 mm×6 mm。并以固体电子理论,建立了集成器件的理论基础。对该器件制备的主要环节及重要参数作了详细说明。最后,对二维器件在不同方向进行了标定,并在二维面上作了实验测试,其测量结果有很高的线性度。

在此基础上,P.Petersson 对 PSD 的线性度进行了系统研究[8],发现点电极、侧面电极结构

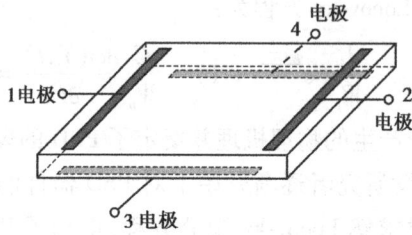

图 1.3 双面分流型电极 PSD

PSD 的测试结果存在严重的非线性,而边长为 10 mm 的双面型电极 PSD 的线性度较高,但测试结果也有失真。同时分析了不同参数对 PSD 线性度的影响。此外,也有其他关于对横向光电效应和 PSD 进一步的研究[9,10]。

在此之前,PSD 电极都被设计成直条形状。而实际应用中发现,PSD 在用于位置检测时存在较大的误差,且测量结果在二维面上的分布呈现枕形。受到这一结果的启发,1989 年,W.J Wang 与其合作研究人员提出改进二维 PSD 的光敏面,并设计与其相对应的电极结构,从而出现了如图 1.4 的二维枕形电极的 PSD[11]。其研究结果表明,枕形 PSD 的位置测量线性度和分辨率比四边形电极、双面分流型电极要高。

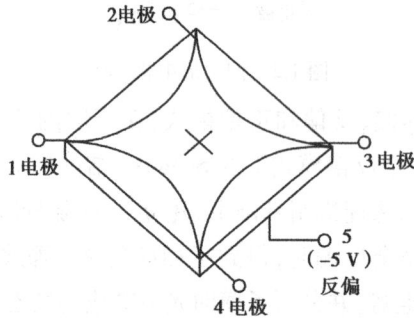

图 1.4 枕形电极 PSD

在此之前,对 PSD 的研究,主要针对提高半导体 PN 结型 PSD 的性能,其方法主要集中在对 PSD 的电极结构形式的研究和改进。除了前述几种电极形式外,还有如图 1.5 所示电极结构的 PSD 器件。

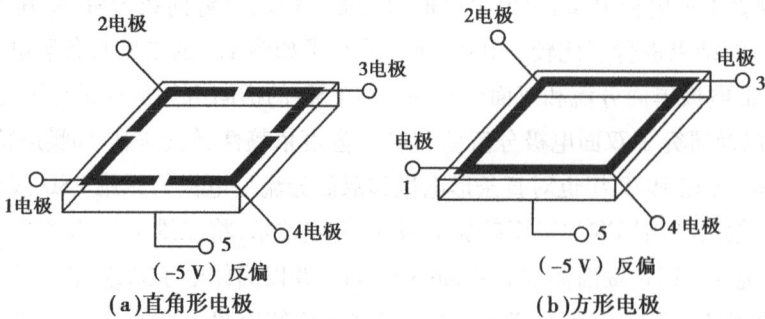

图 1.5 其他电极 PSD

不同电极结构 PSD 的性能也有所不同,其主要性能的比较见表 1.1。

表 1.1　不同电极 PSD 的特点

PSD 电极类型	电极特点	器件性能
点电极	电极设计为点状,使用时不加偏置	灵敏度、响应度和线性度等性能都很差
单面四直条电极	同一个面上,直条形,使用时要加偏压	暗电流小,电极间存在互扰,非线性误差较大
双面分流形电极	电极在结面两侧,无反偏电极	电极间互扰小,线性关系显著,暗电流较大
枕形电极	圆弧形电极在 PN 结同侧	线性度好,失真小,光敏面积减小
直角形电极	光敏面周边带直线形边界,并带了电阻边框	灵敏度高,线性度较大,枕形失真增大
直条边框阻性电极	电极为封闭的阻性边框	灵敏度高,线性度较大,枕形失真增大

随着 PSD 应用领域的扩展,不同领域的目的和要求的不同,对 PSD 的性能要求也不一样。如高能物理的粒子或射线探测、闪烁成像、生物医学传感等,都要求 PSD 有很高的响应速度。为了满足这些特殊用途的需求,这一时期的 PSD 器件不再局限于半导体 PN 结。其中,K.Lubke 制备了 4 mm×4 mm 的 GaAs-Schottky 异质结 PSD。研究结果表明,在近红外区,要比传统半导体材料的 PSD 器件的响应速度高一个数量级。

此后,Dutta 等人从器件结构设计出发,研发了快速响应的网格状 PSD,并分析了 PSD 的瞬态响应特性[13-17]。他将一维 PSD 进行阻容等效,建立了 RC 传输线的等效模型,把入射光激励的光电流等效成电流元,运用电流传输理论,得到了光电流在该 RC 等效传输模型的数学关系。在确定边界条件下,得到了该方程的解的傅里叶表达式。同时,还讨论了不同的光源产生的光电流的区别。

另外,为了实现光斑的成像以及高能粒子或射线轰击成像,出现了一维和二维阵列 PSD,其最大的有效光敏面积达到 180 mm×180 mm,且器件和相应的处理电路集成在一块芯片上[18,19]。

实际上,进入 20 世纪 80 年代后,由于科学技术的发展带动了制造业的发展,特别是半导体加工工艺的成熟,推动了半导体器件的商业化进程。同时,PSD 应用需求的扩大,对其性能的要求也越来越高。更为重要的是,随着新技术的使用,使半导体加工技术和工艺得到了长足的进步。这些技术的应用推广,也使 PSD 的结构和性能都得到了优化,这也带动了 PSD 器件的商业化。日本松滨株式会社(Hamamatsu Photonics)、瑞典 Sitek 和美国 UDT 公司研发了能满足不同要求的一维和二维的 PSD 产品,并配备了相应的处理电路[20,21]。特性参数的典型值:位置分辨率 0.2~7 μm,响应速度 0.3~3 μs,光敏面范围为 1 mm×3 mm~27 mm×27 mm,位置误差 10 μm~1 mm。

从 PSD 的出现到 20 世纪 80 年代末,PSD 芯片均是以半导体 PN 结作为主体。在研究的过程中,已经发现了这样的 PSD 器件在位置测量时,存在非线性误差。对 PSD 的整个感光面来说,其有效位置线性区都较小。同时,非均匀入射光强度较弱时,所产生的光生载流子较为有限,使输出的光电流信号弱;而对较大功率的入射光源,又容易导致饱和效应。产生这样的结果是与半导体材料和其工艺密切相关。

1.3 PSD 的应用实例

PSD 是精密测量、精确定位的一种重要部件,在目标探测(如同轴对准、激光定位、目标追踪等)、位移测量(如微位移测量、角位移测量)、位置检测(如爬壁机器人检测、盾构姿态检测)、高能粒子、射线探测等领域发挥重要作用。

1.3.1 空间对接

由激光器与 PSD 组成的传感器被大量地用于机器人上,可测量挠性机械臂的五个自由度误差。当挠性臂的挠度发生变化时,通过 PSD 检测激光光斑位置来获取挠度的大小。由挠性臂挠性偏差可以得到挠性臂的末端精确位移及速度。1993 年,日本东京大学和松下技术共同研制了一种使用 PSD 的三维视觉传感器,用于机器人中获取运动物体的三维形状。该视觉传感器可以 1/30 s 的速度连续测定一个场景。我国哈尔滨工业大学机器人研究所也在开展这方面的研究工作。

图 1.6　美国奋进号航天飞机与国际空间站对接

PSD 多光束测量系统在航空中的应用主要是在飞行器对接过程中测量飞行器的姿态[15]。空间飞行交会是建立空间站、实现载人航天飞行等先进航天工程技术的关键技术。1985 年欧空局在其交会对接敏感器的研究报告中首次提出将 PSD 用于空间应用。我国从 20 世纪 90 年代开始由哈尔滨工业大学进行了用于空间飞行器交会对接的 PSD 敏感器的研究工作,建立了实验模拟测量系统,进一步的研究工作正在进行中。

1.3.2　位置检测

基于单 PSD 研究多光束位置检测的目标,最初是为了检测微小爬壁机器人的三维位置,考虑到微小机器人位置检测系统要满足尺寸小、分辨率高、稳定性和可靠性好、时间响应快等条件,我们研究了用一个 PSD 来检测微小步行机器人三维坐标的方法。

设观察坐标系为工件坐标系,原点矢量为^wO,建立传感器坐标系以 PSD 的几何中心为坐标原点,记为^sO 点。在检测时首先通过 PSD 的输出得到目标 LED 在传感器坐标系中的位置,然后再转换为工件坐标系中目标 LED 的位置,最后求 3 个 LED 的中心位置从而得到机器人的位置[16]。

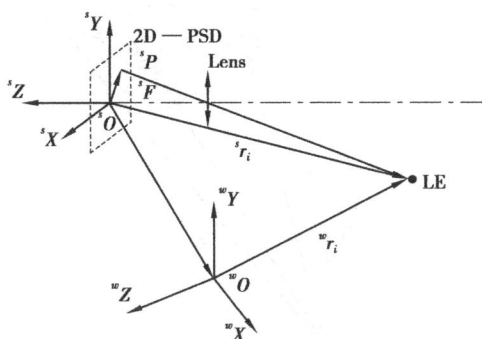

图 1.7　系统坐标关系

图 1.7 给出了工件坐标系和传感器坐标系的关系,LED 为背负在机器人上的发光二极管。聚焦矢量$^sF(0,0,-f)$对系统而言是固有值,位置矢量^sP_i 对应于 PSD 的输出转换的位置信号,PSD 输出电压信号为$(V_x,V_y,0)$,此时

$$^sP_i = \left[S_x(V_x - C_x), S_y(V_y - C_y), 0 \right] \tag{1.2}$$

式中　V_x、V_y——PSD 输出电压信号;

$\quad\quad$ S_x、S_y——PSD 输出的电压值对应的尺度因子;

$\quad\quad$ C_x、C_y——透镜光轴与 PSD 的交点在 PSD 上的对应位置输出信号。

从图中由传感器 PSD 和 LED 的光学系统,可得如下关系:

$$^sr_i = k_i(^sF - ^sP_i) + ^sP_i \tag{1.3}$$

设传感器坐标系到工件坐标系的位移矢量为$^wO(x_o, y_o, z_o)$,从传感器坐标系到工件坐标系的旋转变换矩阵为^wR_s,^wR_s 用欧拉角 α、β、γ 表示为:

$$^wR_s = R_x \cdot R_y \cdot R_z =$$

$$\begin{pmatrix} \cos\beta\cos\gamma & -\cos\beta\sin\gamma & \sin\beta \\ \sin\beta\sin\alpha\cos\gamma + \cos\alpha\sin\gamma & -\sin\beta\sin\alpha\sin\gamma + \cos\alpha\cos\gamma & -\cos\beta\sin\alpha \\ -\sin\beta\sin\alpha\cos\gamma + \sin\alpha\sin\gamma & \sin\beta\cos\alpha\sin\gamma + \sin\alpha\cos\gamma & \cos\beta\cos\alpha \end{pmatrix} \tag{1.4}$$

这样,在工件坐标系中 LED 的位置矢量^wr_i 可以表示如下:

$$^wr_i = {}^wO + {}^wR_s \cdot {}^sr_i \tag{1.5}$$

通过求解式(1.5)元非线性方程组可求解旋转矩阵和平移矩阵。在求解出旋转矩阵和平移矩阵以后，也就确定了工件坐标系与传感器坐标系的相对关系。对于式(1.2)中的 k_i 值，当作为目标的 3 个 LED 相对于前一位置没有 Z 方向的位移时，可以看作常数。但是，从光学系统可知，当目标 LED 的 Z 轴发生变化时，k_i 值是变化的。所以在进行位置检测时，当目标 LED 有 Z 方向的位移时，需要重新计算 k_i 值。

图 1.8 表示工件坐标系和安装在机器人上的 3 个 LED 之间的关系，用机器人上任意一点 Q 的三维坐标表示机器人的三维位置，从传感器坐标系看见的位置矢量 ${}^s r_i(i=1,2,3)$，分别由对应于 3 个 LED 的 PSD 输出 ${}^s P_i$ 通过式(1.2)表示，在式(1.2)中，未知数是 ${}^s r_i(i=1,2,3)$。

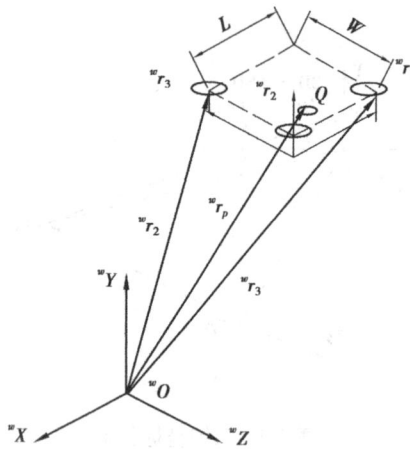

图 1.8　LED 相对位置示意图

用 3 个已知相对位置的 LED 点来计算 k_i，根据 LED 的排列，可以得到下式：

$$| {}^w r_1 - {}^w r_2 | = L \tag{1.6}$$

$$| {}^w r_3 - {}^w r_2 | = W \tag{1.7}$$

$$| {}^w r_1 - {}^w r_3 | = (L^2 + W^2)^{\frac{1}{2}} \tag{1.8}$$

L,W 是 LED 点之间的距离。P_1、P_2、P_3 是 3 个 LED 点对应 PSD 的输出。所以把式(1.2)代入式(1.5)、式(1.6)和式(1.7)，得到三元非线性联立方程组，解这个方程组，求得未知数 k_i，再由式(1.4)求出 ${}^w r_i$。最后用 3 个 LED 点的 ${}^w r_i$ 矢量来求解代表机器人点 Q 的矢量 ${}^w r_p$。

1.3.3　直线度测量

以基于位置敏感探测器的直线度测量系统为例，如图 1.9 所示。该系统的测量原理如下：将半导体激光器固定在支架上，位置敏感探测器精确地沿着被测导轨运动并探测来自半导体激光器的激光，理想情况下，半导体激光器发出的光束始终照射在位置敏感探测器上的同一位置，输出信号始终不变；但实际上，待测导轨通常存在一个直线度，使得位置敏感探测器的输出在导轨的不同位置发生不同的变化，即入射光在位置敏感探测器光敏面上的相对位置在不断变化，根据这个位置变化就能得到被测导轨的直线度[9]。这通常也用于同轴对准中。

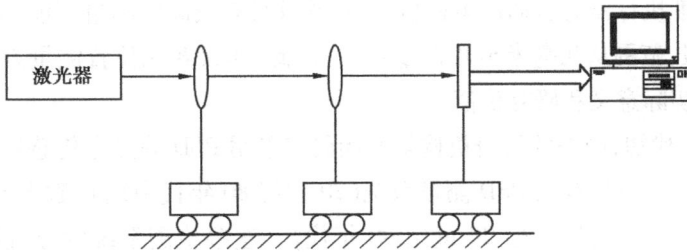

图 1.9　直线度测量系统

1.3.4　自准直仪

位置敏感探测器在国防军事领域中的应用主要有基于位置敏感探测器的自动准直系统、模拟射击系统等[10-11]。和位置敏感探测器的其他应用一样,自准直系统和模拟射击系统都是通过将照射在位置敏感探测器光敏面上的光斑信息转换成电流信号来实现的。

图 1.10 是由中国计量科学研究院研制的基于位置敏感探测器的自准直仪,目前已经获得应用。它的自准直角度测量原理是:将一个反射镜固定在被测物体上,该反射镜的偏转将导致其反射光在位置敏感探测器上的入射位置不同,从而通过处理位置敏感探测器上的光斑位置信息来实现反射镜偏转角的测量[11]。

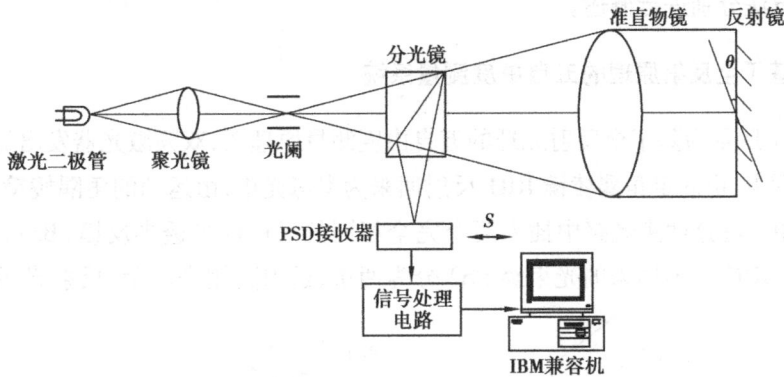

图 1.10　PSD 自准直仪原理图

1.4　PSD 的多自由度检测

多自由度测量在机器人、柔性制造、自动装配、数控机床检测、光纤对接耦合及多自由度平台等领域有着非常重要的作用。常见的多自由度测量手段包括三坐标测量机、双目视觉六自由度测量、基于全反射原理的五自由度测量、多光束六自由度测量、基于全息透镜的六自由度测量等。

多自由度测量系统一般是测量末端执行器相对于参考坐标系的位置信息。通常采用两种方式,即接触式和非接触式。由于非接触式采用光电或电磁式传感器构成一个测量空间,避免了对多自由度执行器的运动产生机械影响,并且具有较高的测量精度和足够的测量范围(精度可达微米级,范围从几毫米至几百毫米)。因此,非接触式位置测量方法及测量系统的研制具有重要的实际意义和研究价值。

20世纪80年代初,国外的科研机构就开始研究采用PSD等光电传感器构成的位置测量系统。其典型的研究成果有双PSD测量系统(20世纪80年代中期),激光干涉测量系统(20世纪90年代),电涡流传感系统(20世纪90年代)。这些检测系统的位置测量精度都小于0.01 mm,并已形成高新技术产品进入市场。

现在最常用的数控机床检测方法是采用激光干涉仪,比如HP5529A动态校正装置和Renishaw、Zygo激光测量系统。这些激光干涉仪采用先进的光学技术,简化了安装过程,加强了数据采集和处理等功能,使得测量较为简单,但其基本的测量过程并没有改变,还是单参数测量。一般三轴数控类加工设备总共需要检测21项误差分量,安装一次仅测量一项误差分量,其检测过程烦琐与漫长。因此,发展同时测量六自由度几何误差的激光系统是机床工具行业普遍面临的技术问题。而且,其他许多行业,如空气动力中天平的校正问题,需要同时测量六个自由度的变形来获得天平各方向所受力与力矩大小,使用传统的激光干涉仪单参数分时测量显然不能满足要求。国内外相关领域对以上问题进行了研究,出现了应用激光同时测量多自由度的几种方法,国际市场上也有API公司的五自由度、六自由度激光测量系统销售。下面对这些方法分别进行概述。

1.4.1 基于全反射原理的五自由度测量系统

如图1.11所示为基于全反射原理的五自由度测量原理图,双频激光器发出的激光经偏光分光镜分为两束,由固定角隅棱镜RR1反射回来为参考光束,由运动的角隅棱镜RR2反射回来为测量光束。在这两束光路中插入两个完全相同的无极性半透半反镜(BS1,BS2)和一个干涉滤光器。RR2反射回来的光束经BS2分为两束,透射光用来测距,反射光用来测量其他

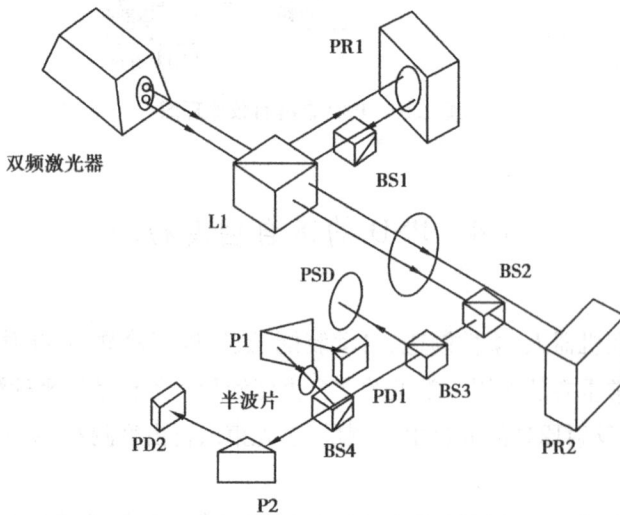

图1.11 基于全反射原理的五自由度测量原理

四个误差项。采用带通干涉滤光器是为了消除外界光线对光接收器的干扰。由 BS2 反射的光束的半透半反镜 BS3 处再一次分成两束。反射光由一个两维位置传感器(PSD)检测。俯仰角测量部分中半波片的作用是使激光束的极性发生旋转,从而使反射到 P1 上的光束为 P 偏振光,偏转角测量部分中半波片有类似的作用。整个装置只能测量五自由度误差,并且采用了过多的光学元件,使得系统复杂,在实际中应用不多。

1.4.2 多光束六自由度测量

图 1.12 所示为一激光同时测量数控机床或三坐标测量机的六自由度误差系统。光源可采用线偏振氦氖激光器或激光二极管。由于测量系统把光源发出的激光束作为测量基准来测量角度误差和直线度误差,光源的稳定性直接影响最终的测量精度。本系统采用了单模光纤器件,使得激光束的瞄准稳定性大大提高。俯仰角和偏转角误差由棱镜 L3 和 L4 组成的自准直望远镜测得,两项直线度误差由两角隅棱镜 RR1、RR2 以及相应的位敏元件 PSD1、PDS2 同时测得,通过对位敏元件 PSD1、PDS2 的读数进行处理可以得到滚转角误差。为克服位敏元件测量范围小,背景噪声大等缺陷,可用 CCD 代替位敏元件,然而这并没有改变该测量方法测量体积大、实际应用中安装与调整困难等缺点。

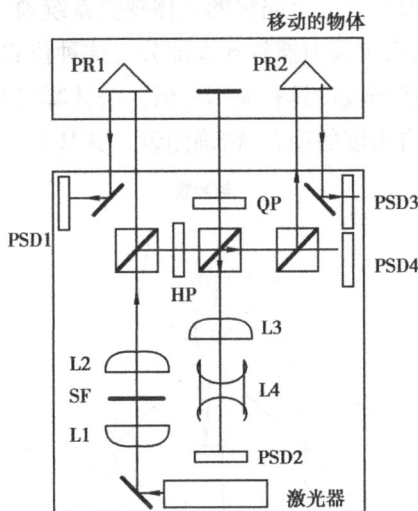

图 1.12　基于三光束的六自由度
误差测量系统

1.4.3 基于全息透镜的六自由度测量

图 1.13 所示为一个基于全息透镜分光特性的六自由度测量系统。全息透镜在这里实际上是一个正弦平面光栅,激光束经全息透镜后分为三路。方向没有改变的一束光为非衍射光束,可用来测量两个方向上的直线度误差。另外两束分别是会聚光束和发散光束,会聚光束可以测量俯仰角和偏转角误差,发散光束用来检测滚转角误差。为了得到高精度的角度误差,它采用了一些补偿技术来提高激光束的稳定性。基于全息透镜的六自由度测量方法具有

使用元件少、成本低等优点,但由于滚转角是通过测量能量大小变化得到的,因此测量精度较低。

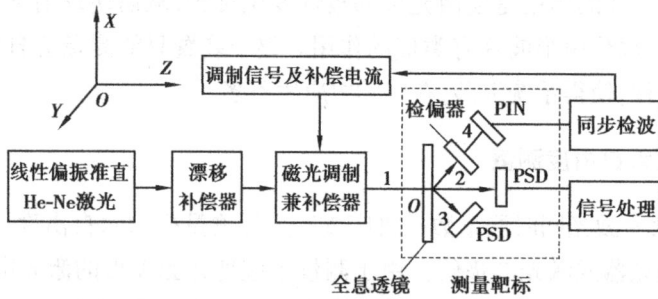

图 1.13 基于全息透镜分光测量系统原理图

1.4.4 双目体视检测多自由度

立体视觉的基本原理是从两个视点观察同一景物,以获取在不同视角下的感知图像,通过三角测量原理计算图像像素间的位置偏差(即视差)来获取景物的三维信息,这一过程与人类视觉的立体感知过程是类似的。一个完整的立体视觉系统通常可分为图像获取、摄像机定标、特征提取、立体匹配、深度确定及内插等 6 大部分。这种位置检测方法具有灵活、简单、可靠、应用范围广等特点,在许多领域均具有应用价值。与计算机视觉其他检测技术相比,双目体视检测方法非常适合对多自由度的动态、精确测量。其基本原理如图 1.14 所示。

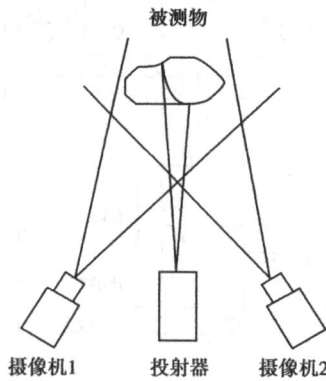

图 1.14 双目传感器测量示意图

第2章
位置敏感探测器理论基础

2.1 半导体基础

2.1.1 半导体的结构

自然界的各种物质,根据其导电能力的差别,可以分为导体、绝缘体和半导体三大类。

(1)电子的共有化运动

半导体材料绝大多数为晶体材料,根据晶粒的形成和排布又分为单晶和多晶。

在孤立的原子中,原子核外的电子按照一定的壳层排布,每一壳层上容纳一定数量的电子。电子在壳层上的分布遵守泡利不相容原理和能量最低原理。电子具有确定的分立能量值。而在晶体中电子的运动状态与孤立原子中的电子状态有所不同。在晶体中,大量原子聚合在一起,由于原子间距很小,使得原子的壳层间存在一定程度的交叠现象。越是最外面的壳层,交叠越明显。因此,在交叠壳层上的电子不再局限于某个原子,而是在相邻原子的相同壳层上运动,也有可能运动到更远的原子上去。这样,电子就有可能在整个晶体中运动。但这种运动只能发生在原子中的相似壳层上。晶体中电子的这种运动称为电子的共有化运动。越是在原子最外层的电子,其共有化运动越显著;而在内壳层上,由于交叠小而共有化运动不明显。

由于电子的共有化运动,原本处于同一能量状态的电子,其能量会发生微小的差异。不同原子外层的电子本来具有相同的能量,由于共有化运动而具有各自不尽相同的能量。因为,在晶体中不仅要受到自身原子势场的作用,还要受到周围其他原子势场的作用,导致电子的能量也各不相同,在同一个能级间形成不同的能量状态,即形成多个能带,这称为能级的分裂。

（2）**能带结构**

原子中任一电子所在的能级都因电子的共有化运动分裂成能带。这些被电子占据的能带称为允带，而能带间区域是不允许电子存在的，称为禁带。与孤立原子相同，在晶体中，电子的能量状态也必须遵守能量最低原理和泡利不相容原理，即电子总是先占据内层允带，依次类推。电子占满的允带称为满带，最外层的电子即为价电子。而晶体最外层电子壳层分裂形成的能带即是价带。

根据泡利不相容原理，即每个能级只能容纳自旋方向相反的两个电子。在外加电场作用下，这两个电子的作用力方向也相反，故不存在沿电场方向的净电流，因此满带是不导电的。如果原子外层没有被电子完全占据，就能导电。典型的是金属，其价带有多余的电子。外层电子受原子核的束缚力最小，成为价电子。物质的性质是由价电子决定的。

（3）**半导体的类型**

a.**本征半导体**

典型半导体材料包括硅（Si）、锗（Ge）。当半导体材料中无杂质时，称其为纯净半导体或本征半导体。制造半导体器件的半导体材料的纯度要达到99.999 999 9%，常称为"9个9"。它在物理结构上呈单晶体形态。硅和锗其原子的序数是14，原子核外有14个电子，最外层有4个电子，称为价电子，带4个单位负电荷。通常把原子核和内层电子看作一个整体，称为惯性核。惯性核带有4个单位正电荷，最外层有4个价电子带有4个单位负电荷，因此，整个原子为电中性。其简化原子结构模型如图2.1所示。

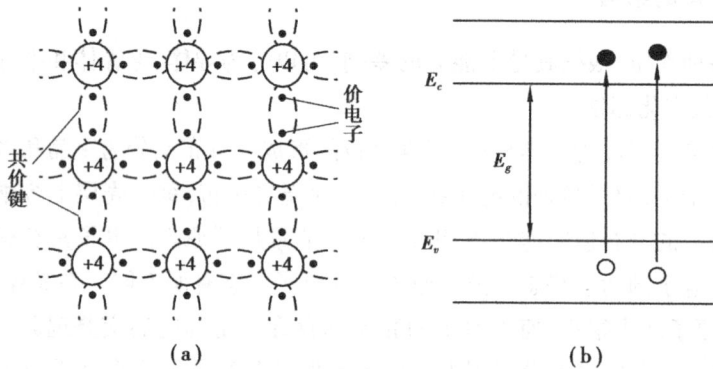

图 2.1　本征半导体的结构模型

在本征半导体的晶体结构中，每一个原子与相邻的4个原子结合。每一个原子的价电子与另一个原子的一个价电子组成一个电子对。这对价电子是每两个相邻原子共有的，它们把相邻原子结合在一起，构成所谓共价键的结构。一般来说，共价键中的价电子不完全像绝缘体中价电子所受束缚那样强，如果能从外界获得一定的能量（如光照、升温、电磁场激发等），一些价电子就可能挣脱共价键的束缚而成为自由电子，这种物理现象称为本征激发，价电子受激发挣脱原子核的束缚成为自由电子的同时，在共价键中便留下了一个空位置，称"空穴"。

当空穴出现时，相邻原子的价电子比较容易离开它所在的共价键而填补到这个空穴中来，使该价电子原来所在共价键中出现一个新的空穴，这个空穴又可能被相邻原子的价电子填补，再出现新的空穴。价电子填补空穴的这种运动无论在形式上还是效果上都相当于带正电荷的空穴在运动,且运动方向与价电子运动方向相反。为了区别于自由电子的运动,把这种运动称为空穴运动,并把空穴看成是一种带正电荷的载流子。

在本征半导体内部,自由电子与空穴总是成对出现的,因此将它们称作为电子-空穴对。在外来激励下,附近电子可以填补空缺,好像自由空穴发生定向移动形成自由空穴运动,从而形成电流。在一定温度条件下,产生的"电子-空穴对"和复合的"电子-空穴对"数量相等时,形成相对平衡,这种相对平衡属于动态平衡,达到动态平衡时,"电子-空穴对"维持一定的数目。因此,常温下半导体是有导电性的。

b.杂质半导体

在本征半导体中掺入某些微量元素作为杂质,可使半导体的导电性发生显著变化。掺入的杂质主要是三价或五价元素。掺入杂质的本征半导体称为杂质半导体。掺杂半导体的性能完全由掺杂浓度决定,也统称为非本征半导体。

在本征半导体中掺入五价杂质元素,例如磷(P)或(As),可形成 N 型半导体,也称电子型半导体。因五价杂质原子只有 4 个价电子能与周围 4 个半导体原子中的价电子形成共价键,而多余的一个价电子,因受到的束缚力比共价键上电子的束缚力小得多,而很容易形成自由电子。易释放电子的原子称为施主。施主束缚电子的能量状态称为施主能级,位于禁带中但靠近导带底。其能带如图 2.2 所示。施主能级 E_d 和导带底 E_c 间的能量差为 ΔE_d,称为施主电离能。在 N 型半导体中自由电子是多数载流子,它主要由杂质原子提供;另外,硅晶体由于热激发会产生少量的电子-空穴对,所以空穴是少数载流子。故在 N 型半导体中,自由电子浓度将高于自由空穴的浓度。

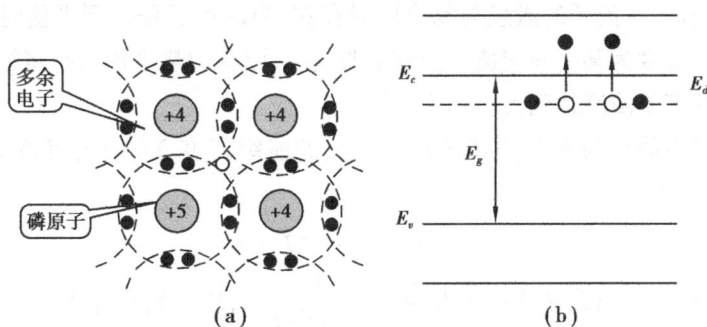

图 2.2 N 型半导体及能带

同理,如果在四价晶体中掺入三价的原子硼等,就形成了 P 型半导体。晶体中某个锗原子被硼原子所代替,硼原子的 3 个价电子分别与其邻近的 3 个硅原子中的 3 个价电子组成完整的共价键,而与其相邻的另一个硅原子的共价键中则缺少一个电子,出现了一个空穴,如图 2.3 所示。这个空穴被附近硅原子中的价电子来填充后,使三价的硼原子获得了一个电子而变成负离子。同时,邻近共价键上出现一个空穴。由于硼原子起着接受电子的作用,故称为受主原子,又称受主杂质。受主获取电子的能量状态称为受主能级,用 E_a 表示,如图 2.3(b)所示。

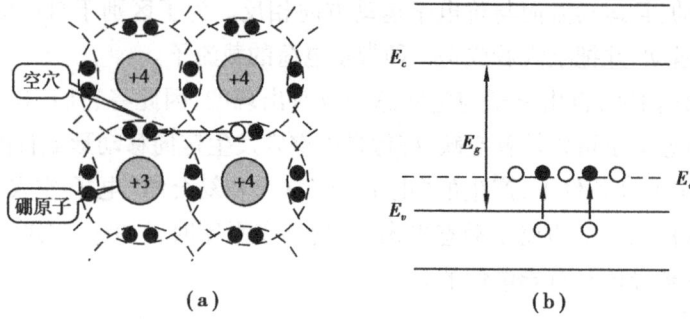

图 2.3　P 型半导体及能带

同样处于价带中,位于价带顶 E_v 附近。E_a 与 E_v 之能量差为 ΔE_a,称为受主电离能。受主电离能越小,价带中的电子越容易跃迁到受主能级上去,价带中的自由空穴浓度也越高。在 P 型半导体中,自由空穴浓度将高于自由电子浓度。

2.1.2　半导体中的载流子浓度

半导体材料的导电性能与其中的电子、空穴浓度有关,而电子空穴统称为载流子。载流子浓度是指单位体积内的载流子数目。通常,在无外场作用、一定温度时,半导体中的自由电子和空穴是材料内由于热运动产生的。其过程可描述为:在晶体内,晶格在不断作热振动,而电子吸收晶格振动能量后,从价带跃迁到导带,形成自由电子,同时在价带中留下空穴;另一方面,也有电子从导带跃迁到价带,与价带中的空穴结合,并向晶格释放出多余的能量,此即为电子空穴的复合。载流子的激发与复合同时存在,当两种过程达到平衡时,称为热平衡状态,对应的载流子浓度为某一固定值。当温度改变后,原有的热平衡状态将被破坏,重新建立新的平衡状态,载流子浓度达到另一个稳定值。

平衡时,导带中能级为 E 的电子浓度为该处的能级密度 $N(E)$ 与可被电子占据的概率 $f(E)$ 的乘积,表示为:

$$n(E) = N(E) \cdot f(E) \tag{2.1}$$

式中,$N(E) = \dfrac{4\pi}{h^3}(2m_e^*)^{\frac{3}{2}}(E-E_c)^{\frac{1}{2}}$,$f(E) = \dfrac{1}{1+\exp\left(\dfrac{E-E_f}{kT}\right)}$,$E_f$ 为费米能级。

在导带中,总的电子浓度为:

$$n = \int_{E_c}^{\infty} n(E)\,\mathrm{d}E = \int_{E_c}^{\infty} N(E) \cdot f(E)\,\mathrm{d}E = N_c \exp\left(-\frac{E_c - E_f}{kT}\right) \tag{2.2}$$

式中,$N_c = 2\left(\dfrac{2m_e^* kT}{h^2}\right)^{\frac{3}{2}}$,称为导带有效能级密度,$m_e^*$ 为自由电子有效质量。

同理,在价带中能级 E 处的空穴浓度为:

$$P(E) = P(E) \cdot f(E) \tag{2.3}$$

$$P = \int_{-\infty}^{E_v} P(E)\,\mathrm{d}E = \int_{E_c}^{\infty} P(E) \cdot f(E)\,\mathrm{d}E = N_v \exp\left(-\frac{E_f - E_v}{kT}\right) \tag{2.4}$$

式中，$N_v = 2\left(\dfrac{2m_p^* kT}{h^2}\right)^{\frac{3}{2}}$，称为价带有效能级密度，$m_p^*$ 为自由空穴有效质量。

将式 (2.2) 与式 (2.4) 相乘，得到

$$n \cdot p = N_v N_c \exp\left(-\frac{E_c - E_f}{kT}\right) \cdot \exp\left(-\frac{E_f - E_v}{kT}\right) = N_v N_c \exp\left(-\frac{E_g}{kT}\right) \tag{2.5}$$

在本征半导体中，自由电子浓度等于自由空穴的浓度，即 $n_i = p_i$，故

$$N_c \exp\left(-\frac{E_c - E_f}{kT}\right) = N_v \exp\left(-\frac{E_f - E_v}{kT}\right) \tag{2.6}$$

因此，本征半导体的费米能级

$$E_{fi} = \frac{1}{2}(E_c + E_v) + \frac{1}{2}kT \ln \frac{N_v}{N_c} \tag{2.7}$$

由式 (2.5) 得到本征半导体的载流子浓度为

$$n_i = p_i = (N_v N_c)^{\frac{1}{2}} \exp\left(-\frac{E_g}{2kT}\right) \tag{2.8}$$

对掺杂半导体，在 N 型半导体中，施主原子的多余价电子容易跃迁进入导带，使导带中的自由电子浓度高于本征半导体的电子浓度。室温下，施主原子基本上都电离，此时导带中的电子浓度

$$n = N_d + p_i \approx N_d \tag{2.9}$$

式中，N_d 为 N 型半导体中掺入的施主原子浓度。相应的，空穴浓度 $p = n_i^2 / N_d$。由式 (2.2) 和式 (2.9) 得到 N 型半导体的费米能级为：

$$N_d = N_c \exp\left(-\frac{E_c - E_f}{kT}\right) = n_i \exp\left(\frac{E_{fn} - E_{fi}}{kT}\right) \tag{2.10}$$

故有：

$$E_{fn} = E_{fi} + kT \ln \frac{N_d}{n_i} \approx E_i + kT \ln \frac{N_d}{n_i} \tag{2.11}$$

这表明：N 型半导体中的费米能级位于禁带中央以上；掺杂浓度超高，费米能级离禁带中央越远，越靠近导带底。

同样，对 P 型半导体，受主原子易从价带中获得电子。价带中的自由空穴浓度将高于本征半导体中的自由空穴浓度。设掺入的受主原子浓度为 N_a，在室温下价带中的空穴浓度 $p = N_a + n \approx N_a$，电子浓度 $n = n_i^2 / N_d$。同理得到 P 型半导体的费米能级为：

$$E_{fp} = E_i - kT \ln \frac{N_a}{n_i} \tag{2.12}$$

2.1.3　半导体中的非平衡载流子

(1)半导体的光吸收

在半导体中通过外界电注入或光注入的方式，使其中的载流子浓度超过热平衡时的载流子浓度，称这些超过平衡时的载流子为非平衡载流子或过剩载流子。半导体材料吸收外界注

入是产生非平衡载流子的前提条件。

在一定温度下,无光照时本征半导体材料中的电子空穴浓度分别表示为 n_0 和 p_0。当半导体受光照时,价带中的电子吸收光子能量而跃迁到导带,在价带中留下空穴,产生了电子空穴对。使导带中电子的浓度增加 Δn;同时,价带中的空穴浓度增加 Δp。这些载流子统称为光生载流子或过剩载流子。此时,本征半导体内总的载流子浓度比热平衡时的载流子浓度要大得多。将这种本征半导体吸收外界光照产生非平衡载流子的过程称为本征吸收。但此时要求入射光子能量必须大于材料禁带宽度,即:

$$h\nu \geq E_g \quad 或 \quad \frac{hc}{\lambda} \geq E_g \tag{2.13}$$

式中　h——普朗克常数;

　　　c——光速;

　　　λ——波长。

这说明本征吸收必然在长波(或低频)处存在一个界限,本征吸收的长波限为:

$$\lambda_0 \geq \frac{hc}{E_g} = \frac{1.24}{E_g} \tag{2.14}$$

当掺杂半导体在光照时,中性施主的束缚电子可以吸收入射光子的能量而跃迁到导带。而中性受主的束缚空穴可以吸收光子而跃迁到价带。这都称为杂质吸收。施主释放的束缚电子到导带,受主束缚的空穴到价带,其所需要的电离能为 ΔE_d 和 ΔE_a。相应的杂质吸收光的长波限为:

$$\lambda_0 = \frac{hc}{\Delta E_{a(d)}} = \frac{1.24}{\Delta E_{a(d)}} \tag{2.15}$$

(2)非平衡载流子浓度

光照射半导体材料时,在本征半导体中电子吸收能量大于禁带宽度的光子,产生电子空穴对;或者,非本征半导体吸收能量大于杂质电离能的光子后也产生光生载流子。此时,载流子浓度都比热平衡时要高。当外光照停止时,光生载流子不再产生,并因电子空穴对的复合而逐渐减少,并最终恢复到热平衡时的浓度。

非平衡载流子的体内复合过程,就电子和空穴所经历的状态来说,可以分为直接复合(direct recombination)和间接复合(indirect recombination)两种类型。

在直接复合过程中,电子由导带直接跃迁到价带的空状态(band to band transition),使电子和空穴成对消失。直接复合也称为带间(band to band)复合。如果直接复合过程中同时发射光子,则称为直接辐射复合或带间辐射复合。但通常情况下,在复合过程中不起主要作用。

间接复合过程中最主要的是通过复合中心(recombination center)的复合。所谓复合中心指的是晶体中的一些杂质或缺陷,它们在禁带中引入离导带底和价带顶都比较远的局域化能级,即复合中心能级。在间接复合过程中,电子跃迁到复合中心能级,然后再跃迁到价带的空状态,使电子和空穴成对地消失。换一种说法是复合中心从导带俘获一个电子,再从价带俘获一个空穴,完成电子-空穴对的复合。电子-空穴对的产生过程也是通过复合中心分两步完成的。多数情况下,间接复合不能产生光子,因此也称为非辐射复合,但在复合过程中起主要作用。

如果无光照时半导体内载流子的浓度为 n 和 p,加光照后比热平衡时多出的载流子浓度为 $\Delta p(t)$ 和 $\Delta n(t)$。光生电子空穴对的直接复合率与载流子浓度成正比,表示为:

$$-\frac{\mathrm{d}\Delta P(t)}{\mathrm{d}t} = -\frac{\mathrm{d}P(t)}{\mathrm{d}t} = B[n_0 + \Delta n(t)] \cdot [p_0 + \Delta p(t)] - Bn_i^2 \qquad (2.16)$$

式中,B 为比例系数,$n(t) = n_0 + \Delta n(t)$ 为瞬时载流子浓度,因 $n_0 p_0 = n_i^2$,$\Delta p(t) = \Delta n(t)$,故上式也可表示为:

$$-\frac{\mathrm{d}\Delta P(t)}{\mathrm{d}t} = B[(n_0 + p_0)\Delta n(t)] + B\Delta n(t)^2 \qquad (2.17)$$

当载流子浓度不是很高时,$[\Delta n(t)]^2$ 可以忽略;对于 N 型半导体,多子是电子,空穴是少子,其浓度很低可以忽略。然后对式(2.17)求解得到:

$$\Delta n(t) = \Delta n(0)\exp(-Bn_0 t) = \Delta n(0)\exp\left(-\frac{t}{\tau}\right) \qquad (2.18)$$

式中,$\Delta n(0)$ 为刚停止光照时光生载流子浓度,τ 为载流子寿命。

2.1.4　载流子的扩散和漂移

(1)扩散

当半导体材料在无光照时,内部载流子浓度处处相同。在受外界光照、无外加电场时,材料内产生光生载流子,使局部载流子浓度高于热平衡的载流子浓度,导致载流子从浓度高的区域向浓度低的区域运动,最终实现载流子新的均匀分布。这种现象称为载流子的扩散。

扩散时,流过单位面积的电流称为扩散电流密度,其正比于光生载流子的浓度梯度,即

$$J_{nD} = qD_n\frac{\mathrm{d}n}{\mathrm{d}t} \qquad (2.19)$$

$$J_{pD} = -qD_p\frac{\mathrm{d}p}{\mathrm{d}t} \qquad (2.20)$$

J_{nD}、J_{pD} 分别为电子、空穴扩散电流密度矢量,D_n、D_p 分别是电子、空穴的扩散系数,$\mathrm{d}n/\mathrm{d}x$,$\mathrm{d}p/\mathrm{d}x$ 是在 x 方向上电子、空穴的浓度梯度。

稳态时,载流子的扩散可用方程表示为:

$$\frac{\mathrm{d}^2\Delta p(t)}{\mathrm{d}x^2} - \frac{\Delta p(t)}{\tau D_p} = 0 \qquad (2.21)$$

其解为:

$$\Delta p(x) = B_1\exp\left(\frac{x}{L_p}\right) + B_2\exp\left(-\frac{x}{L_p}\right) \qquad (2.22)$$

$L_p = (D_p\tau)^{1/2}$,称为扩散长度。当 $x \to \infty$ 时,$\Delta p(x) = 0$,故 $B_1 = 0$;当 $x \to 0$ 时,$\Delta p(x) = \Delta p(0)$,故 $B_2 = \Delta p(0)$。

(2)漂移

在外加电场作用下,光照产生的光生载流子,其中电子向正电极运动,而空穴向负电极方向运动,这种现象称为漂移。在弱电场下,半导体遵循欧姆定律,此时电流密度矢量 J 正比于

电场矢量 E，比例系数为电导率 $\sigma(\Omega^{-1}\text{cm}^{-1})$，即 $J=\sigma E$。对 x 方向，也有 $J_x=\sigma E_x$。同时，电流密度矢量应与载流子浓度和载流子沿电场的漂移速度成正比。对于 N 型半导体有：

$$J_x = qnv_x = qn\mu_n = qnE_x \tag{2.23}$$

式中　q——电子的电荷；

　　　v_x——电子沿 x 方向的运动速度，与电场强度成线性关系；

　　　μ_n——电子的迁移率。

从而可得到

$$\sigma = nq\mu_n$$

对 P 型材料，
$$\sigma = pq\mu_p \tag{2.24}$$

在电场中，漂移所产生的电子电流密度矢量 J_{nE} 和空穴密度矢量 J_{pE} 分别为：

$$J_{nE} = nq\mu_n E_x; \quad J_{pE} = pq\mu_p E_x \tag{2.25}$$

当扩散和漂移同时存在时，总的电子电流密度矢量 J_n 和空穴密度矢量 J_p 分别为：

$$J_n = J_{nD} + J_{nE} = nq\mu_n E + qD_n \frac{\mathrm{d}n}{\mathrm{d}x}$$

$$J_p = J_{pD} + J_{pE} = pq\mu_n E - qp_p \frac{\mathrm{d}p}{\mathrm{d}x} \tag{2.26}$$

总电流密度为：

$$J = J_n + J_p \tag{2.27}$$

2.2　半导体 PN 结的光电转换

2.2.1　半导体 PN 结

把一块 P 型半导体和 N 型半导体紧密连接在一起时，在它们的两端加上适当的电压会产生单向导电现象。因为这时在它们的交界面上形成了一个所谓 PN 结的结构，单向导电现象就发生在这一薄薄的 PN 结中。PN 结是晶体管的基础，它是由扩散形成的。

我们知道，P 型半导体内空穴是多数载流子，即空穴的浓度大；而 N 型半导体内电子是多数载流子，电子的浓度大。二者接触之后，由于在 P 型区和 N 型区内电子浓度不同，N 型区的电子多，就向 P 型区扩散，扩散的结果如图 2.4 所示。N 型区中部分电子扩散到 P 型区去，失去电子而带正电。另一方面，P 型区的空穴多，也会向空穴浓度小的 N 型区扩散，结果一部分电子从 N 区流向 P 区，P 区因失去空穴而带负电。

在形成 PN 结的过程中，N 型材料中电子浓度大而空穴浓度很小；P 型材料中空穴浓度大、电子浓度很小。在结区，刚开始存在载流子浓度梯度，导致空穴从 P 区到 N 区，电子从 N 区到 P 区的扩散运动。最终，在 P 区留下不可移动的带负电的电离受主；在 N 区，留下不可移动的带正电的电离施主。这些正负离子在结区附近形成空间电荷区，称为耗尽层。空间电荷区中形成的内建电场是由 N 区指向 P 区。在内建电场的作用下，载流子出现漂移运动，方向

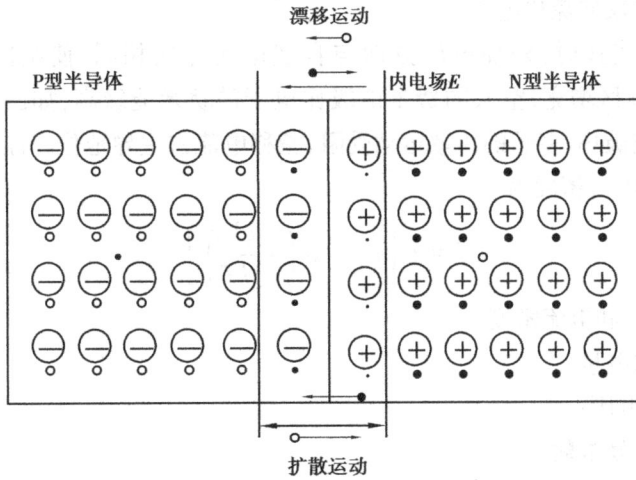

图 2.4　PN 结的形成

与扩散运动相反,起到阻碍扩散运动的作用。最后,扩散与漂移形成动态平衡,结区建立相对稳定的内建电场。此时,PN 结的费米能级处处相等。零偏时其内建电场和能带如图 2.5 所示。

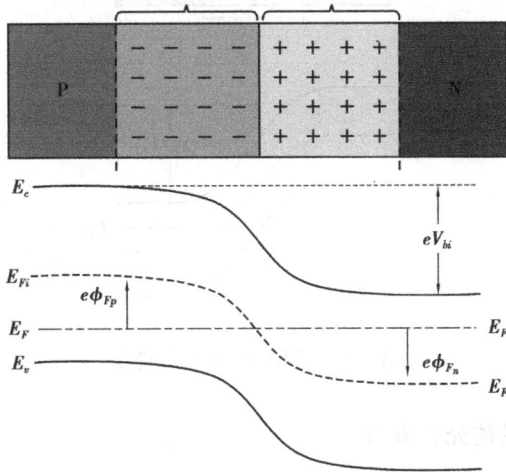

图 2.5　零偏时 PN 结的能带

　　PN 结具有单向导电性,若外加电压使电流从 P 区流到 N 区,PN 结呈低阻性,所以电流大;反之是高阻性,电流小。如果外加电压使 PN 结 P 区的电位高于 N 区的电位,称为加正向电压,简称正偏。外加的正向电压有一部分降落在 PN 结区,方向与 PN 结内电场方向相反,削弱了内电场。于是,内电场对多子扩散运动的阻碍减弱,扩散电流加大。扩散电流远大于漂移电流,可忽略漂移电流的影响,PN 结呈现低阻性。PN 结加正向电压时,呈现低电阻,具有较大的正向扩散电流。PN 结 P 区的电位低于 N 区的电位,称为加反向电压,简称反偏。外加的反向电压有一部分降落在 PN 结区,方向与 PN 结内电场方向相同,加强了内电场。内电场对多子扩散运动的阻碍增强,扩散电流大大减小。此时 PN 结区的少子在内电场作用下形成的漂移电流大于扩散电流,可忽略扩散电流,PN 结呈现高阻性。PN 结加反向电压时,呈现

21

高电阻,具有很小的反向漂移电流。

当 PN 结反向偏置时,外加电压方向与自建电场方向相同,使结区势垒高度增加到 $e(V_{bi}+V_R)$,空间电荷区增宽,空穴的费米能级比电子的费米能级高,如图 2.6 所示。原来的 PN 结平衡关系也被破坏,多子的扩散运动受阻,漂移电流占主导地位。漂移电流的方向由 N 区流向 P 区。反向电流密度为

$$J = J_0 \left[1 - \exp\left(-\frac{qV_R}{kT} \right) \right] \tag{2.28}$$

式中　J_0——反向饱和电流密度;

　　　q——电荷的电量;

　　　V_R——反偏电压;

　　　k——玻耳兹曼常数;

　　　T——绝对温度。

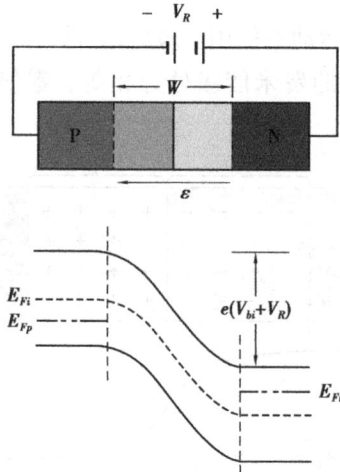

图 2.6　反偏时 PN 结的能带

2.2.2　半导体 PN 结的光伏效应

PN 结受光照时,光子在 P 区被吸收,并激发出电子空穴对,即光生载流子,其中少数载流子(电子)将向 N 区扩散,到达 PN 结区并立即被结电场拉到 N 区。为了使 P 区内产生的电子能全部被拉到 N 区,P 区的厚度应小于电子的扩散长度。部分光子也能到达 N 区,并激发电子空穴对,其中的空穴也将依赖扩散及结电场的作用进入 P 区。这些被拉向对方区域的少数载流子,抵消掉部分空间电荷,使结区势垒降低,下降的 ΔV 即光生电动势,此即 PN 结的光生伏特效应。电子空穴的流动,使 P 区的电势高于 N 区的电势,相当于在 PN 结上加正向偏压,这个正向偏压将产生 PN 结的正向电流,这个电流的方向与光电流的方向相反,如图 2.7 所示。此时 PN 结的总电流为

$$I = I_0 \left[\exp\left(\frac{qV}{kT} \right) - 1 \right] - I_p \tag{2.29}$$

式中　V——PN 结的电势,等于外加偏压和光生电压之和;

　　　I_p——光生电流。

由于这种电流或电压垂直于 PN 结面,因而,通常也称为 PN 结的纵向光伏效应。

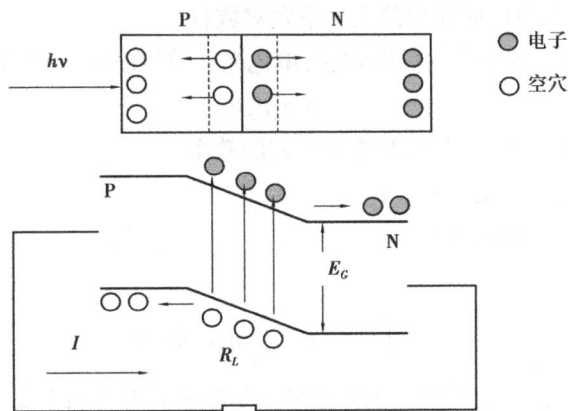

图 2.7　光照下的 PN 结

2.2.3　PN 结的横向光电效应

当 PN 结接收非均匀辐射时,无论是在 P 区、结区还是 N 区,都将产生与均匀光照时一样的现象,即产生光生载流子,P 区中的电子在内建电场的作用下通过扩散进入 N 区,空穴留在 P 区,N 区中的空穴在扩散作用下,被内建电场拉向 P 区,在 N 区留下电子,从而形成光生载流子的堆积。在 P 区高掺杂时,空穴在 P 区通过扩散很容易完全达到均匀分布,可认为 P 区等电势;N 区电阻率使光生电子在光照区内堆积,在结平面方向形成非均匀分布,使结原来的平衡被破坏,导致 P 区的空穴向 N 区漂移,在沿着结平面的方向形成横向电场,并产生横向电势差。如果结的端面沉积电极,将有电流输出,如图 2.8 所示。这种 PN 在光照时产生沿结平面方向的横向电势差的现象,称为横向光电效应。

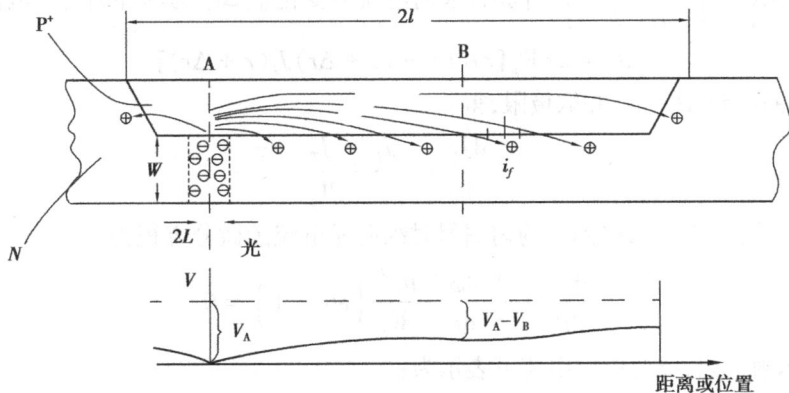

图 2.8　非均匀光照时的横向光电效应及电势分布

Wallmark 对横向光电效应产生的物理机制作了解释,而其具体的理论完善则由 Lucovsky 完成。PN 结在光照达到稳态时,两端的光生电压为

$$\varphi = \left(\frac{kT}{q}\right) \ln\left(\frac{qN_s}{J_s} + 1\right) \tag{2.30}$$

式中　J_s——饱和电流密度；

　　　N_s——单位时间、单位面积内的电子空穴对数目。

忽略 PN 结光敏面对入射光的反射效应，单色光在单位时间、单位面积内被分离的数目为

$$N_\lambda = \eta_\lambda \varepsilon_\lambda \Phi_\lambda \tag{2.31}$$

式中　η_λ——单色光激发的、被分离的电子空穴的效率；

　　　ε_λ——激发载流子的量子效率；

　　　Φ_λ——单色光入射能量密度。

并且有

$$N = \int_\lambda^{\lambda_0} N_\lambda \mathrm{d}\lambda = \int_\lambda^{\lambda_0} \eta_\lambda \varepsilon_\lambda \Phi_\lambda \mathrm{d}\lambda \tag{2.32}$$

PN 结接受均匀光辐射时，产生的横向电势在平行于结平面的方向上是不变的。

在非均匀光照下，半径为 a 的光斑照射到一无限大的 PN 结平面，入射光在半导体中激发电子空穴对而产生横向光电效应，使 PN 层内的空穴在横向电场的作用下形成横向光电流。如果 N 型层为欧姆接触，且为等电位区，故只考虑 P 区的横向电流。此时 P 区空穴的横向电流密度 $J_L(r)$ 与光生电压 $\varphi(r)$ 的关系

$$\frac{\mathrm{d}\varphi(r)}{\mathrm{d}r} = -\rho_p J_L(r) \tag{2.33}$$

式中，ρ_p 是 P 层的电阻率。根据电流连续条件，无源区内流入的电流必等于流出的电流。设 P 区厚度为 W_p，考查内、外半径为 r 和 $r+\Delta r$ 的圆柱体。当 $r>a$ 时，在圆柱体里的纵向光电流为

$$I_T = 2\pi r \Delta r J_T(r) = 2\pi r \Delta r \times J_s \left\{ \exp\left[\frac{q\varphi(r)}{kT}\right] - 1 \right\} \tag{2.34}$$

式中，$J_T(r) = J_s \left\{ \exp\left[\frac{q\varphi(r)}{kT}\right] - 1 \right\}$。同时，横向电流的变化量 ΔI_L 为内外圆柱面电流之差，故

$$\Delta I_L = 2\pi W_p [rJ(r) - (r+\Delta r)J_L(r+\Delta r)] \tag{2.35}$$

由电流连续原理有：$\Delta I_L = I_T$，并取极限，得：

$$\frac{\mathrm{d}J_L}{\mathrm{d}r} = -\frac{J_L}{r} - \frac{J_T}{W_p} \tag{2.36}$$

结合式（2.33）和式（2.36），得到非均匀辐射时纵向光电流的微分方程为：

$$\frac{\mathrm{d}^2\varphi}{\mathrm{d}r^2} + \frac{1}{r}\frac{\mathrm{d}\varphi}{\mathrm{d}r} - \frac{\rho_p J_s}{W_p}\left(\mathrm{e}^{\frac{q\varphi}{kT}} - 1\right) = 0 \tag{2.37}$$

当 r 位于光辐射区内，此时纵向电流可表示为：

$$I_T = 2\pi r \Delta r [J_T(r) - qN] \tag{2.38}$$

由式（2.32）、式（2.36）和式（2.38）同样得到光辐射区内纵向光电压的微分方程为：

$$\frac{\mathrm{d}^2\varphi}{\mathrm{d}r^2} + \frac{1}{r}\frac{\mathrm{d}\varphi}{\mathrm{d}r} - \frac{\rho_p J_s}{W_p}\left(\mathrm{e}^{\frac{q\varphi}{kT}} - 1\right) = -\frac{\rho_p qN}{W_p} \tag{2.39}$$

式(2.37)和式(2.39)表示了在任意区域的光电流。P 区总的光电流可分为横向光电流 J_L 和纵向光电流 J_T,稳态时

$$\text{div}(J_L + J_T) = 0 \tag{2.40}$$

在位置 r 处,电子空穴对单位面积的分离速率为 $N(r)$,则

$$\text{div}\vec{J}_L = -\left[\frac{\vec{J}_T(\vec{r})}{W_p}\right] + \left(\frac{qN(\vec{r})}{W_p}\right) \tag{2.41}$$

又由欧姆定律有:

$$\text{grad}\varphi(\vec{r}) = -\rho_p \vec{J}_L(\vec{r}) \tag{2.42}$$

从式(2.40)和式(2.41)得到稳态时的光电效应方程:

$$\nabla\left[\frac{1}{\rho}\nabla\varphi(\vec{r})\right] - \frac{J_s}{W_p}\left[e^{\frac{q\varphi(\vec{r})}{kT}} - 1\right] = \frac{qN(\vec{r})}{W_p} \tag{2.43}$$

此即 PN 结在光照下稳态时结电势满足一般方程——Lucovsky 方程。如果入射光辐射随时间变化,应考虑 PN 结电容 C 的影响,则该方程变化为:

$$\frac{1}{\rho}\nabla^2\varphi(\vec{r},t) - \frac{J_s}{W_p}\left[e^{\frac{q\varphi(\vec{r})}{kT}} - 1\right] - \frac{C}{W_p}\frac{\partial\varphi(\vec{r},t)}{\partial t} = \frac{qN(\vec{r},t)}{W_p} \tag{2.44}$$

该方程从数学上描述了横向光电效应的物理机制。以 r 表示 P 区面电阻,则 $r=\rho_p/W_p$,于是式(2.44)可表示为:

$$\nabla^2\varphi(\vec{r},t) - J_s r\left[e^{\frac{q\varphi(\vec{r})}{kT}} - 1\right] - rC\frac{\partial\varphi(\vec{r},t)}{\partial t} = -rqf \tag{2.45}$$

如果在 PN 结端面上设置电极,就可以输出光电流,通过数值求解 Lucovsky 方程得到电极输出光电流的解析表达式。当 PN 结在完全反偏和非完全反偏时其数值解略有不同。

2.3　PSD 的等效分析

PSD 从结构上可分为一维、二维 PSD,二维 PSD 有不同的电极的结构形式,但主要可分为单面分流和双面分流型两种。

2.3.1　RC 传输线模型

理想的 PSD 相当于一个电阻和电容均匀分布的 RC 网络,如图 2.9 所示,将 PSD 等效为宏观的电阻电容分布网络,图中 R_s 是单位长度上的面电阻,起分配电流的作用,R_{sh} 代表单位长度的结电阻,反映了 PN 结漏电流的大小,C 为单位面积上的结电容,忽略光生电流在结内的漂移时间,C 与面电阻 R_s 决定了电流在 PSD 内的传输时间。在 RC 模型建立前,假设以下的前提条件成立:

①假设 R_{sh}、C、R_s 这些参数在 PN 结内是均匀分布的。当然,P 层的电阻均匀性取决于离子扩散或注入的均匀性,而对于结电容 C 而言,由于边缘效应而不可能是均匀分布的,但是在

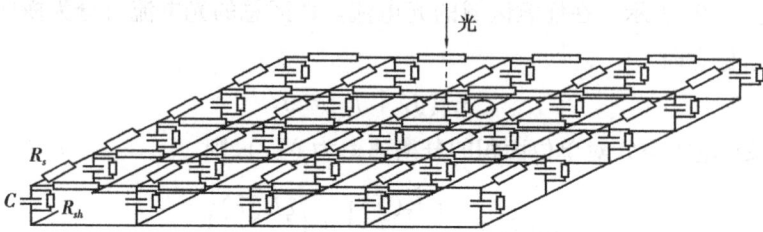

图 2.9　PSD 等效 RC 传输网络

完全反偏的情况下该假设有足够的合理性；

②P 层必须足够薄，才能忽略光生电流在结内的漂移时间，保证 PSD 的电容效应成为影响 PSD 瞬态响应的主要因素；

③假设光照强度不足以引起载流子扩散的非线性效应，从而不考虑这种效应引起的渡越时间的变化。

在以上的假设条件下，PSD 的瞬态响应时间主要为其结电容充放电时间。下面分别对一维 RC 传输线模型和二维 RC 传输线模型分别进行讨论。

2.3.2　一维 PSD 的 RC 传输线模型

根据上面的设想，得到如图 2.10 所示的一维 PSD 的等效电路图。假设光斑直径很小，宽度为 2Δ，当光斑照射到 PSD 的光敏面上的某个位置时，将在该处激发出光生电流，可以将其等效为在该位置上加一个电流源 $I(x,t)$，它的大小取决于光斑的强度分布、照射区域以及调制情况。用 i_L 和 i_R 分别代表外围电路从两极输出的电流，Z_L 和 Z_R 分别代表外围电路从 PSD 两极所看过去的等效阻抗，Ⅲ区为信号光的照射区域，Ⅰ区和Ⅱ区分别是光斑照射区域的左边区域和右边区域。考察光斑照射区域无限小的一段微元 Δx，设其中的瞬态电势和瞬态电流分别为 $\phi(x,t)$ 和 $i(x,t)$。根据欧姆定律和基尔霍夫定理，电流 $i(x,t)$ 流经这段电阻 $R_x\Delta x$ 所引起的电压降 $[\partial\phi(x,t)/\partial x]\cdot\Delta x$ 为：

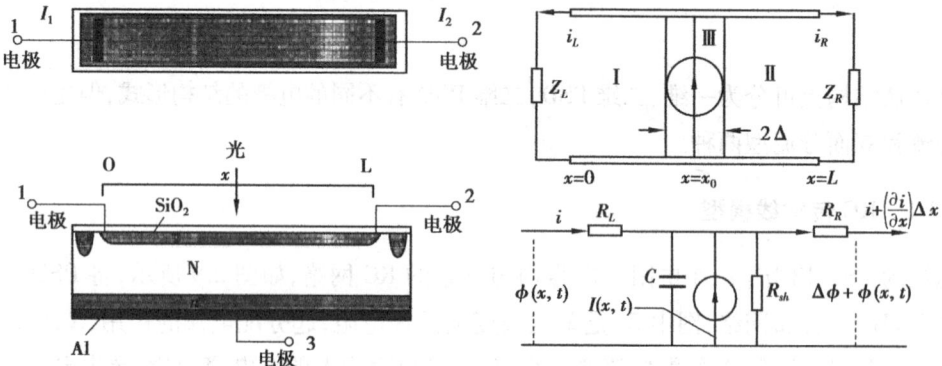

图 2.10　一维 PSD 结构及 RC 传输线模型

$$\left[\frac{\partial\phi(x,t)}{\partial x}\right]\cdot\Delta x = -i(x,t)\cdot R_s\cdot\Delta x \tag{2.46}$$

负号表示正向电流会引起电势随着 x 的增加而下降。同样，这段微元中的电流变化 $[\partial i(x,t)/$

∂x] · Δx 也可以写成下式：

$$-\frac{\partial i(x,t)}{\partial x} = C \cdot \frac{\partial \phi(x,t)}{\partial t} + \frac{\phi(x,t)}{R_{sh}} - I(x,t) \tag{2.47}$$

联立可以得到：

$$\frac{\partial \phi(x,t)}{\partial t} = \frac{1}{R_s \cdot C}\frac{\partial^2 \phi(x,t)}{\partial x^2} - \frac{\phi(x,t)}{CR_{sh}} + \frac{1}{C}I(x,t) \tag{2.48}$$

再对 $\phi(x,t)$ 和 $I(x,t)$ 进行拉普拉斯变换：

$$\begin{cases} \phi(x,t) = \int \Phi(x,s)\,\mathrm{e}^{st}\mathrm{d}s \\ I(x,t) = \int \Gamma(x,s)\,\mathrm{e}^{st}\mathrm{d}s \end{cases} \tag{2.49}$$

联立得

$$\frac{\partial^2 \Phi(x,s)}{\partial x^2} - \alpha\Phi(x,s) = -R_s \cdot \Gamma(x,s) \tag{2.50}$$

其中系数 α^2 的值为：

$$\alpha^2 = \frac{R_s(1 + s \cdot CR_{sh})}{R_{sh}}$$

式(2.50)就是一维 PSD 横向光电效应的 RC 传输线模型。

2.4　二维 PSD 的 RC 传输线模型

基于 RC 传输线模型的二维 PSD 的等效电路如图 2.11 所示，考察其中任一微元，介于 x 与($x+\Delta x$)和 y 与($y+\Delta y$)之间，如图 2.12 所示，类似于一维 PSD，可以得到下式：

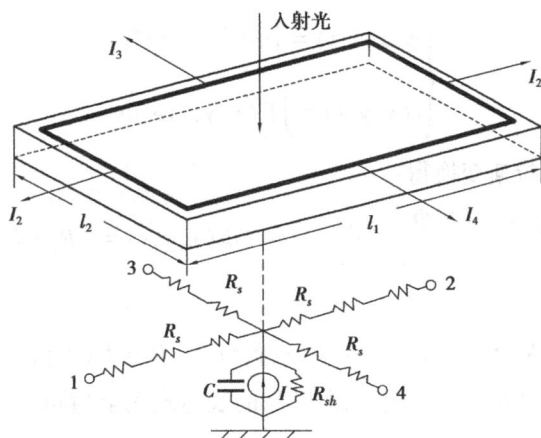

图 2.11　二维 PSD 结构及其 RC 传输线模型

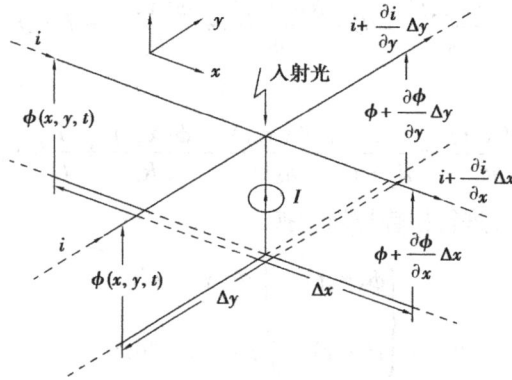

图 2.12　入射光点作用的二维 PSD 微元示意图

$$-\left(\frac{\partial i}{\partial x}\Delta x + \frac{\partial i}{\partial y}\Delta y\right) = \Delta x \cdot \Delta y \cdot C\frac{\Delta\phi}{\partial t} + \frac{\phi}{\dfrac{R_{sh}}{\Delta x \cdot \Delta y}} - \Delta x \cdot \Delta y \cdot I(x,y,t) \tag{2.51}$$

$$\begin{cases} \dfrac{\partial\phi}{\partial x} \cdot \Delta x = -iR_s \cdot \dfrac{\Delta x}{\Delta y} \\[3mm] \dfrac{\partial\phi}{\partial y} \cdot \Delta y = -iR_s \cdot \dfrac{\Delta y}{\Delta x} \end{cases} \tag{2.52}$$

联立式(2.51)和式(2.52)可以得到二维 PSD 中横向光电效应所遵守的二阶偏微分方程,即二维 RC 传输线模型:

$$\frac{\partial\phi}{\partial t} = \frac{1}{R_s \cdot C}\left(\frac{\partial^2\phi}{\partial x^2} + \frac{\partial^2\phi}{\partial y^2}\right) - \frac{\phi}{C \cdot R_{sh}} + \frac{1}{C}I(x,y,t) \tag{2.53}$$

对 $\phi(x,y,t)$ 和 $I(x,y,t)$ 进行拉普拉斯变换:

$$\begin{cases} \phi(x,y,t) = \int \Phi(x,y,s)\,\mathrm{e}^{st}\,\mathrm{d}s \\[2mm] I(x,y,t) = \int \Gamma(x,y,s)\,\mathrm{e}^{st}\,\mathrm{d}s \end{cases} \tag{2.54}$$

则式(2.53)两边做拉普拉斯变换得:

$$\frac{\partial^2\Phi(x,y,s)}{\partial x^2} + \frac{\partial^2\Phi(x,y,s)}{\partial y^2} - \alpha \cdot \Phi(x,y,s) = -R_s \cdot \Gamma(x,y,s) \tag{2.55}$$

也可以写成:

$$\nabla^2\Phi(x,y,s) - \alpha^2\Phi(x,y,s) = -R_s \cdot \Gamma(x,y,s) \tag{2.56}$$

其中,系数 $\alpha^2 = R_s(1 + s \cdot CR_{sh})/R_{sh}$,与一维 PSD 的表达式完全相同。

2.5　PSD 特性参数及其影响因素

　　PSD 的主要性能参数有暗电流、结电容、极间电阻、反向击穿电压、响应时间、响应灵敏度、光谱响应、位置线性度、位置误差和位置分辨率。

　　暗电流由体漏电流和表面漏电流两部分构成,表面漏电流取决于材料质量、器件制作过程所采取的表面钝化工艺。结电容、极间电阻(即电极之间的电阻)取决于基底材料的电阻率及厚度、掺杂浓度和器件尺寸,反向击穿电压主要取决于 PN 结特性,与制作工艺有关。

　　根据半导体 PN 结理论,耗尽层厚度 W 和结电容 C_j 分别为:

$$W = \left[\frac{2\varepsilon(V_D + V)(N_A + N_D)}{qN_AN_D}\right]^{\frac{1}{2}} \tag{2.57}$$

$$C_j = \frac{\varepsilon S}{W} \tag{2.58}$$

如果 P 区掺杂浓度远大于 N 区,则 $N_A \gg N_D$,并有 $V \gg V_D$,此时

$$C_j = S\left(\frac{\varepsilon}{2\rho_n\mu_n V}\right)^{\frac{1}{2}} \tag{2.59}$$

式中　N_A, N_D——分别是离化了的受主浓度和施主浓度;

　　　　ε——材料的介电常数,接触电势;

　　　　ρ_n——N 区的电阻率;

　　　　μ_n——N 区的电子迁移率;

　　　　V——外加反向偏压;

　　　　S——耗尽区的面积。

2.5.1　响应时间

　　通常半导体光电器件的响应频率,主要由载流子的渡越时间和 RC 时间常数决定。载流子的渡越时间,是指光生载流子向结区扩散以及在结电场中漂移的弛豫时间。

$$\tau_{扩} = \frac{W_p}{2.43D_n} \leqslant \frac{W_p}{2.43V_s}, \tau_{漂} = \frac{W}{2.8V_s} \tag{2.60}$$

W_p 是 P 层的厚度,W 是耗尽层厚度,D_n 是 P 区电子的扩散系数,V_s 是结电场中电子的饱和漂移速度(硅的 $V_s = 10^5\,\text{cm/s}$),按照 $W = 100\,\text{om}$ 估算,PSD 中载流子的渡越时间小于 1 ns。通常可以不考虑。

　　因此,PSD 器件响应频率由 1/RC 决定,$R = R_S + R_L$,R_S 是 PSD 的分流层面电阻,R_L 是负载电阻,通常 $R_L \ll R_S$,C 是 PSD 的结电容与分布电容之和。其中一维 PSD 的响应时间常数为 rcL^2/π^2,二维 PSD 的响应时间常数为 $rcL^2/(2\pi^2)$,r 是分流层(即 P 层)的方块电阻,c 是单位面积的电容,L 是器件的长度。如果取 $r = 30\,\text{k}\Omega$,$c = 3\,\text{pF/mm}^2$,$L = 10\,\text{mm}$,则响应时间约为

1 μs。

通常,为了得到好的频率响应特性,应选择:合理的结面积,结面积越小,结电容越小;尽可能大一些的耗尽层厚度,减小结电容,为此选择高阻材料做基底,使用时适当加大反向偏置电压,但增大耗尽层厚度应以渡越时间不占主导为前提;减小结构所造成的分布电容;适当减小分流层电阻,不过,减小分流层电阻会增大噪声,位置分辨率下降。

2.5.2 响应灵敏度光谱响应

响应灵敏度是输出电流与入射光功率之比,即单位入射光功率作用下的输出电流（A/W）。单位光功率的单色光照射下的输出电流,随光波长的变化关系称为光谱响应。

实际的 PSD 器件,表面覆盖一层 SiO$_2$ 薄膜,具有 PIN$^+$ 结构,如图 2.13,从 x_1 到 x_2 为耗尽层,当一束光入射到器件表面时,一部分光将在空气-SiO$_2$ 和 SiO$_2$-Si 界面反射,一部分光透射到 Si 内部并被吸收,能量 $h\nu$ 大于 Si 禁带宽度 E_g 的光子产生电子-空穴对。假设入射光通量 Φ_e,光从空气进入 SiO$_2$ 和从 SiO$_2$ 进入 Si 时在界面上的反射系数分别为 r_1 和 r_2,SiO$_2$ 膜的厚度为 d_{0x},折射率为 n_{0x},空气和硅的折射率分别为 n_0 和 n_s,光透过 SiO$_2$ 膜的透过率为 T,硅中光的吸收系数为 α_{Si},如果光正入射,根据物理光学

$$r_1 = \frac{n_0 - n_{0x}}{n_0 + n_{0x}} \qquad r_2 = \frac{n_{0x} - n_{Si}}{n_{0x} + n_{Si}} \tag{2.61}$$

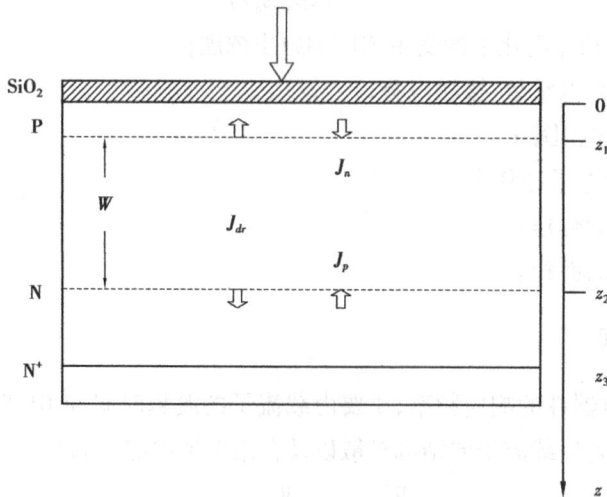

图 2.13 PSD 中的电流分布

光波在介质中的相位变化

$$\delta = \frac{4\pi}{\lambda} n_{0x} d_{0x} = 2k_0 n_{0x} d_{0x}$$

式中 λ——入射光在真空中的波长;

k——入射光在真空中的波数。

则透射率为：

$$T = \frac{(1 - r_1^2)(1 - r_2^2)}{(1 + r_1 r_2)^2 - 4 r_1 r_2 \sin^2\left(\frac{\delta}{2}\right)} \tag{2.62}$$

在 Si 中的光能量可表示为：$\Phi(z) = \Phi_0 T \exp(-\alpha z)$。

假设量子产额为 1，即每吸收一个光子产生一对电子-空穴对，则电子-空穴对产生率 $G(z)$ 与透入半导体表面深度 z 的关系为：$G(z) = \Phi_0 T \alpha \exp(-\alpha z)$。

在低注入、忽略漏电流的情况下，PSD 的光电流由 3 部分构成，即 P 层中光生电子的扩散电流 J_n，I 层中光生空穴的扩散电流 J_p 和耗尽层中的光生电子-空穴对在电场作用下的漂移电流 J_{dr}。光生载流子的扩散电流可通过解扩散方程求得：

$$D_n \frac{\mathrm{d}^2 n_p}{\mathrm{d}z^2} + \frac{n_p - n_{p0}}{\tau_n} + G(z) = 0 \tag{2.63}$$

其中 τ_n 为光生电子寿命，忽略 n_{p0}，方程的解为：

$$n_p = C_1 \cosh\left(\frac{z}{L_n}\right) + C_2 \sinh\left(\frac{z}{L_n}\right) + \frac{\Phi_0 T \alpha \tau_n}{1 - \alpha^2 L_n^2} \exp(-\alpha z) \tag{2.64}$$

边界条件：

$$z = 0, \quad -q D_n \frac{\mathrm{d}n_p}{\mathrm{d}z} = q S_n n_p; \quad z = z_1, \quad n_p - n_{p0} = 0$$

解得电子扩散电流为：

$$J_n = q D_n \frac{\mathrm{d}n_p}{\mathrm{d}z}\bigg|_{z = z1} = \frac{q \Phi_0 T \alpha L_n}{\alpha^2 L_n^2 - 1}\left[\frac{(\zeta + \alpha L_n) - \left(\zeta \cosh\dfrac{z_1}{L_n} + \sinh\dfrac{z_1}{L_n}\right)\exp(-\alpha z_1)}{\zeta \sinh\dfrac{z_1}{L_n} + \cosh\dfrac{z_1}{L_n}} - \alpha L_n \exp(-\alpha Z_1)\right] \tag{2.65}$$

式中，$\zeta = S_n L_n / D_n$。同理，由

$$D_p \frac{\mathrm{d}^2 p_n}{\mathrm{d}z^2} + \frac{p_n - p_{n0}}{\tau_p} + G(z) = 0 \tag{2.66}$$

和边界条件：

$$z = z_3, \quad -q D_p \frac{\mathrm{d}n_p}{\mathrm{d}z} = q S_n(p_n - p_{n0}); \quad z = z_2, \quad p_n - p_{n0} = 0$$

求解得到空穴扩散电流为：

$$J_p = \frac{q \Phi_0 T \alpha L_n}{\alpha^2 L_n^2 - 1}\left\{\alpha L_p \frac{\dfrac{S_p L_p}{D_p}\left\{\cosh\dfrac{z_3 - z_2}{L_p} - \exp[-\alpha(z_3 - z_2)]\right\}}{\dfrac{S_p L_p}{D_p}\sinh\dfrac{z_3 - z_2}{L_p} + \cosh\dfrac{z_3 - z_2}{L_p}}\right\}$$

$$= \frac{\sinh\dfrac{z_3 - z_2}{L_p} + \alpha D_p \exp\left[-\alpha(z_3 - z_2)\right]}{\dfrac{S_p L_p}{D_p}\sinh\dfrac{z_3 - z_2}{L_p} + \cosh\dfrac{z_3 - z_2}{L_p}} - \alpha L_n \exp(-\alpha Z_1) \tag{2.67}$$

漂移电流

$$J_{dr} = q\int_{z_1}^{z_2} G(z)\,\mathrm{d}z = q\Phi_0 T\left[\exp(-\alpha z_1) - \exp(-\alpha z_2)\right] = q\Phi_0 T\exp(-\alpha z_1)\left[1 - \exp(-\alpha W)\right]$$

$$\tag{2.68}$$

$$J_0 = J_n + J_p + J_{dr} \tag{2.69}$$

如果 PSD 是 PIN 结构，P 层厚度很小（小于 $0.5\ \mu m$），大部分光在耗尽层被吸收，P 层的电子扩散电流 J_n 可以忽略。

漂移电流：

$$J_{dr} = q\Phi_0 T\left[1 - \exp(-\alpha W)\right] \tag{2.70}$$

N 层的空穴扩散电流由式(2.66)在边界条件：$z = W, p_n = 0; z = \infty, p_n = p_{n0}$，可求得：

$$J_p = q\Phi_0 T\frac{\alpha L_p}{1 + \alpha L_p}\exp(-\alpha W) + qp_{n0}\frac{D_p}{L_p} \tag{2.71}$$

在 P 区，通常 p_{n0} 都很小，上式中的第二项可以忽略，因此光电流表示为：

$$J_0 = J_p + J_{dr} = q\Phi_0 T\left[1 - \frac{\exp(-\alpha W)}{1 + \alpha L_p}\right] \tag{2.72}$$

从而可以得到量子效率

$$\eta = \frac{J_0}{q\Phi_0} = T\left[1 - \frac{\exp(-\alpha W)}{1 + \alpha L_p}\right] \tag{2.73}$$

相应的光谱响应灵敏度为：

$$R = \frac{q\eta}{h\nu} = \frac{qT}{h\nu}\left[1 - \frac{\exp(-\alpha W)}{1 + \alpha L_p}\right] \tag{2.74}$$

在 N 区，空穴扩散长度 $L_p = \sqrt{D_p \tau_p}$。

因此，为了提高 PSD 的光谱响应灵敏度，应减小光在 Si 表面的反射；增大耗尽层宽度，提高 PSD 的响应速度；增大少子的扩散长度。

图 2.14 为 S3931 二维 PSD 的光谱响应特性曲线。由于 PSD 的材料都是掺杂半导体，峰值波长都在红外区。图中的峰值响应波长约为 960 nm。在实际使用中，红外光不可见，难以调整和对准，而是选用红光光源代替。

2.5.3　位置误差线性度

位置误差指实际位置与 PSD 测量所得位置的绝对误差，$\Delta x = x - x_c$，如果是二维 PSD，分 x 方向误差 Δx、y 方向误差 Δy 和总位置误差 Δr，$\Delta r = \sqrt{(\Delta x)^2 + (\Delta y)^2}$，相应均方根误差为：

$$\delta = \sqrt{\frac{\left[\sum_{i=1}^{n}(x_i - x_{ci})^2\right]}{n}} \tag{2.75}$$

光谱响应特性
型号:No.S3931-S2

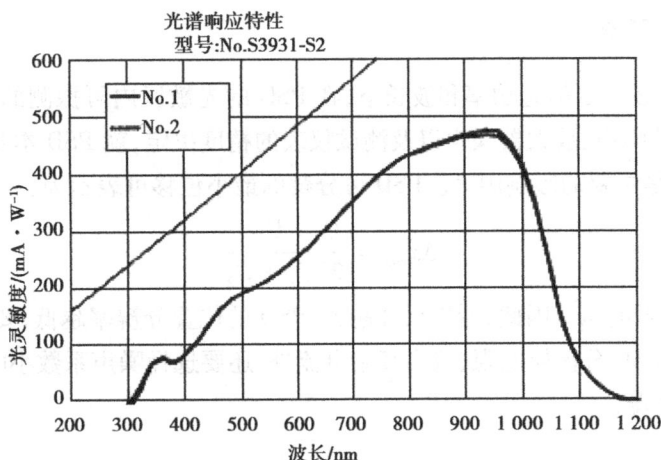

图 2.14　PSD 的光谱响应特性

PSD 线性度指 PSD 输出电信号与实际位置之间的线性关系程度,更为普遍地,是指 PSD 输出位置与实际位置之间的线性关系程度,一般用均方根非线性误差来表示,均方根非线性误差为:$\delta/L\times100\%$。

影响一维 PSD 线性度的主要因素包括:

(1)表面分流层电阻的均匀性

主要表现为表面分流层电阻率的不均匀,包括两种情况:其一是电阻率按线性规律分布;其二是电阻率的不连续分布,在其中某些部分是跳变的,这都将影响输出光电流,产生位置偏差、降低测量位置线性度。

(2)PN 结漏电流

当 PN 结的漏电流不可忽略时,流出器件的电流不完全是光电流,而且结平面各处漏电流往往不均匀,晶体生长中诱生的原生缺陷、器件制造工艺中诱生的缺陷(如杂质污染形成复合中心或形成表面漏电沟道、高温工艺温度不均匀导致滑移)、以及隔离环不理想(如采用 NN⁻ 或 PP⁻ 隔离)等都会使相应处的漏电流增大,如果位错密度大于 $10^6\mathrm{cm}^{-2}$,漏电流很大。结果造成分流层上电势不均匀波动。

(3)PSD 的结构

从前述分析可知,当 PSD 工作于非完全反偏状态时,从 PSD 电极输出的信号光电流,与信号光入射位置之间的关系依赖于泄漏因子 α_0,仅当 α_0 很小时,信号光电流与入射位置才具有线性关系,随着泄漏因子不断增大,非线性越来越严重。为了获得较好的线性度,应减小反射饱和电流,减小扩散层的面电阻。

(4)非稳态响应

对于阶梯信号,一维 PSD 的线性响应时间为 rcL^2/π^2,二维 PSD 的线性响应时间为 $cL^2/(2\pi^2)$,在响应时间之前测量为非线性。

(5)测量系统

由于电路不对称或者运算放大器本身的非线性将造成非线性误差;A/D 转换误差。

2.5.4　位置分辨率

位置分辨率指在一定的光功率和波长下,在 PSD 的光敏区内可探测的光斑的最小位移,它的大小由 PSD 的噪声、放大器噪声以及测试仪表的精度决定,就 PSD 本身的位置分辨本领而言,其噪声电流是主要的影响因素。PSD 可分辨的最小位移可表示为:

$$\Delta x_{\min} = \frac{L}{2} \frac{U_n}{U_1 + U_2} \tag{2.76}$$

式中,U_n 为噪声电压。因此,器件尺寸越大,PSD 的位置分辨率越低,要提高 PSD 的位置分辨率,除了增大 PSD 分流层电阻、减小其暗电流外,还要选择噪声系数小的放大器以及分辨率足够高的测试仪表。

第 **3** 章

幅值法定位检测

位置检测是 PSD 最基本的功能。依据 PSD 的基本原理,光束入射到 PSD 光敏面上,激励的光生载流子在横向扩散形成电流从电极上输出。输出电流的大小与入射光斑到电极间的距离近似成反比。因此,利用输出光电流与入射光斑位置以及电流间的关系,通过测量输出光电流信号的幅值,即可以实现光斑位置检测。

3.1　光电流的理论解

幅值法测量的理论基础是 Lucovsky 方程在稳态时的解析解,这要求在对光斑位置进行测量时,PSD 的响应是稳态的,也要求入射光的强度不能剧烈变化。严格地说,Lucovsky 方程是一个非线性偏微分方程,难以求得其真实解,但在一定条件下可以将其简化为线性方程,求得其近似理论解析解。这种条件包括了 PSD 的边界条件和偏置条件。

3.1.1　完全反偏时

当 PSD 受光面的部分区域受到辐照时,被光照区域,产生光生电动势处于正向偏置,由于结表面电阻的影响,远离光照区域的结电势差逐渐降低,因此 PN 结上的电势差是不均匀的。当外加的反向偏置电压较小时,可能出现远离光照区域的结处于反向偏置,而光照区域处于正向偏置的情形。而所谓完全反偏置指的是通过外加足够大的反向电压,使得整个结均处于反向偏置,而且流过整个 PN 结的电流均等于反向饱和电流的情形。在 PSD 的实际使用中,一般都外加一定的反偏电压,使其处于完全反偏状态。

当 PSD 的 PN 结处于完全反偏状态时,结电势 $\varphi \ll 0$,故 $\exp(q\varphi/kT) \approx 0$,则 Lucovsky 方程式(2.41)可以简化为:

$$\frac{\partial \varphi(x,y,t)}{\partial t} - \frac{1}{rC} \nabla^2 \varphi(x,y,t) = F(x,y,t) \tag{3.1}$$

其中 $F(x, y, t) = [qf(x, y, t) + J_s]/C$。

对一维PSD,式(3.1)变为:

$$\varphi(x, t) - \frac{1}{rC}\varphi(x, x) = F(x, t) \tag{3.2}$$

在无外接负载的情况下,即负载为零,电极的接触电阻为零,边界条件可设定:$x = 0, x = l$ 时,$\varphi = 0$;初始条件:当 $t = 0$ 时,$\varphi = 0$。利用格林函数法求解该微分方程。满足 $G(x, t) - \frac{1}{rC}G(x, x) = \delta(x - \xi)\delta(t - \tau)$ 和 $G|_{x=0} = 0, G|_{x=L} = 0; G|_{t=0} = 0$ 的格林函数为:

$$G(x, t, \xi, \tau) = \sum_{n=1}^{\infty} \frac{2}{L} \frac{1}{\delta_n} e^{-n^2\pi^2\frac{(t-\tau)}{rCL^2}} \sin\frac{n\pi\xi}{L}\sin\frac{n\pi x}{L} \tag{3.3}$$

$$\varphi(x, t) = \int_{\tau=0}^{t}\int_{\xi=0}^{l} F(\xi, \tau) G(x, t, \xi, \tau)\,\mathrm{d}\xi\mathrm{d}\tau \tag{3.4}$$

其中的 $F(x, t) = [qf(x, y, t) + J_s]/C$ 表示外源项,它包括了光生电流和饱和电流两部分。

(1)光生电流大于反向饱和电流

当光生电流大于反向饱和电流时,即 $qf \gg J_s$,则 $F(x, t) = F_0(x, t) = [qf(x, t)]/C$。当光强恒定、光斑直径很小的光照射在PSD表面上的某处时,如果以 δ 函数表示阶跃入射光照信号,在该点处其响应可表示为:

$$F_0(x, t) = \frac{I_0}{C}\delta(x - X)U(t) \tag{3.5}$$

其中 I_0 为光电流密度。

$$U(t) = \begin{cases} 1 & t > 0 \\ 0 & t \leqslant 0 \end{cases}$$

代入式(3.4)得该点处的电势:

$$\varphi(x, t) = \frac{2I_0}{cL}\sum_{n=1}^{\infty}\frac{rcL^2}{n^2\pi^2}\sin\frac{n\pi\xi}{L}\sin\frac{n\pi x}{L}\left[1 - \exp\left(\frac{-n^2\pi^2 t}{rCL^2}\right)\right] \tag{3.6}$$

从PSD两端面电极处输出的光电流分别表示为:

$$I_1 = \frac{1}{r}\frac{\partial\varphi_0}{\partial x}\bigg|_{x=0} = \frac{2I_0}{\pi}\sum_{n=1}^{\infty}\frac{1}{n}\sin\frac{m\pi x}{L}\left[1 - \exp\left(-\frac{n^2\pi^2 t}{rCL^2}\right)\right] \tag{3.7}$$

$$I_2 = -\frac{1}{r}\frac{\partial\varphi_0}{\partial x}\bigg|_{x=L} = -\frac{2I_0}{\pi}\sum\frac{1}{n}\cos n\pi\,\sin\frac{n\pi x}{L}\left[1 - \exp\left(\frac{-n^2\pi^2 t}{rCL^2}\right)\right] \tag{3.8}$$

如果探测时间足够长,也即是在稳态响应的情况下,在式(3.7)和式(3.8)中令 $t \to \infty$,得到稳态输出光电流:

$$I_{1\infty} = \frac{1}{r}\frac{\partial\varphi_0}{\partial x}\bigg|_{x=0} = \frac{2I_0}{\pi}\sum_{n=1}^{\infty}\frac{1}{n}\sin\frac{m\pi x}{L} = I_0\left(1 - \frac{X}{L}\right) \tag{3.9}$$

$$I_{2\infty} = -\frac{1}{r}\frac{\partial\varphi_0}{\partial x}\bigg|_{x=L} = -\frac{2I_0}{\pi}\sum\frac{1}{n}\cos n\pi\,\sin\frac{n\pi x}{L} = I_0\frac{X}{L} \tag{3.10}$$

整理后可以得到：

$$1 - \frac{I_{2\infty} - I_{1\infty}}{I_{2\infty} + I_{1\infty}} = \frac{2X}{L}$$

当心 PSD 的光敏面中心为坐标原点时，光斑位置可表示为：

$$x = \frac{L}{2} \frac{I_{2\infty} - I_{1\infty}}{I_{2\infty} + I_{1\infty}} \tag{3.11}$$

这时，从两个电极输出的光电流与入射光斑位置到电极的距离间成线性关系。

由于在得到这一关系时，是作了近似处理。因此，要满足该关系，必须满足相应的条件，这包括：器件分流层的面电阻率分布均匀；在完全反偏状态下工作；光激发电流远大于 PN 结的反向饱和电流；无其他漏电流（如缺陷所致）；负载及电极接触电阻为零；探测响应时间足够长的稳态情况下，近似地，探测响应时间至少应大于 PSD 的特征响应时间 T_c。

（2）外接负载时

当 PSD 外接负载不为零时，前述得到的线性关系将变化。假设输出电极的负载均为 R_L，其他条件不变，此时的边界条件为：当 $x=0$ 时，$\varphi = \varphi_{L0}$；$x=l$ 时，$\varphi = \varphi_{L1}$；将 φ 分成无负载部分 φ_0 和负载部分 φ_{L0}，即 $\varphi = \varphi_0 + \varphi_{L0}$，稳态时，$\varphi_L$ 满足的方程及边界条件：

$$\frac{\partial^2 \varphi_L}{\partial x^2} = 0$$

当 $x=0$，$\varphi_L = \varphi_{L0}$；$x=0$，$\varphi_L = \varphi_{L1}$；相应的解应为：

$$\varphi_L(x) = \varphi_{L1} \frac{x}{l} + \varphi_{L0} \left(1 - \frac{x}{l} \right)$$

对应的光电流解为：

$$I_{1L} = \frac{d}{r} \frac{\partial \varphi}{\partial x} \bigg|_{x=0} = \frac{2dI_0}{\pi} \sum_{n=1}^{\infty} \frac{1}{n} \sin \frac{m\pi X}{L} + \frac{\varphi_{L1} - \varphi_{L0}}{\frac{rL}{d}} = dI_0 \left(1 - \frac{X}{L} \right) + \frac{\varphi_{L1} - \varphi_{L0}}{\frac{rL}{d}} \tag{3.12}$$

$$I_{2L} = -\frac{1}{r} \frac{\partial \varphi}{\partial x} \bigg|_{x=L} = -\frac{2dI_0}{\pi} \sum \frac{1}{n} \cos n\pi \sin \frac{n\pi X}{L} - \frac{\varphi_{L1} - \varphi_{L0}}{\frac{rL}{d}} = dI_0 \frac{X}{L} - \frac{\varphi_{L1} - \varphi_{L0}}{\frac{rL}{d}} \tag{3.13}$$

其中 d 为电极的长度。又 $\varphi_{L0} = R_L I_{1L}$，$\varphi_{L1} = R_L I_{2L}$，故代入可得：

$$1 - \frac{I_{2L} - I_{1L}}{I_{2L} + I_{1L}} = \frac{2R_0 X}{L(R_0 + 2R_L)} + \frac{2R_L}{R_0 + 2R_L} \tag{3.14}$$

其中 $R = rL/d$，是分流层的极间电阻。由此可见，当负载电阻不为零时，虽然仍保持线性关系，但其直线的斜率已不是 $2/l$。

（3）光电流可与 PN 结反向饱和电流相比拟

如果外激励的产生结果 $F(x,t) = F_0(x,t) = [qf(x,t)]/C$ 中的 qf 可与 J_s 相比拟，产生这样的结果有两种情况。其一是不存在环境光，但信号光强微弱，PN 结的反向饱和电流与信号光所激发的光电流可以比拟；其二是存在均匀光照，信号光所激发的光电流与背景光电流和

PN 结的反向饱和电流之和可以比拟。这时 $f(x,t)=f_s(x,t)+f_b$，对求解方程来说，背景光激发的电流与饱和电流有相同的性质，故：

$$F(x,t) = \frac{qf_s(x,t) + J'_s}{C}$$

$$\varphi(x,t) = \frac{2rL}{\pi^2}\sum_{n=1}^{\infty}\left[\frac{I_0}{n^2}\sin\frac{n\pi X}{L} + \frac{J'_s L}{n^3\pi}(1-\cos n\pi)\right]\sin\frac{n\pi x}{L}\left[1-\exp\left(\frac{-n^2\pi^2 t}{rCL^2}\right)\right] \quad (3.15)$$

$$i_{1\infty} = \frac{1}{r}\frac{\partial\varphi}{\partial x}\bigg|_{x=0} = \frac{2L}{\pi^2}\sum_{n=1}^{\infty}\left[\frac{I_0\pi}{nL}\sin\frac{n\pi X}{L} + \frac{J'_s}{n^2}(1-\cos n\pi)\right] = I\left(1-\frac{X}{L}\right) + \frac{2ALJ'_s}{\pi^2} \quad (3.16)$$

$$i_{2\infty} = -\frac{1}{r}\frac{\partial\varphi}{\partial x}\bigg|_{x=0} = -\frac{2L}{\pi^2}\left\{\sum_{n=1}^{\infty}\left[\frac{I_0\pi}{nL}\sin\frac{n\pi X}{L} + \frac{J'_s}{n^2}(1-\cos n\pi)\right]\cos n\pi\right\} = I\frac{X}{L} + \frac{2ALJ'_s}{\pi^2}$$

$$(3.17)$$

其中 $A = \sum_{n=1}^{\infty}\frac{1-\cos n\pi}{n^2} = -\sum_{n=1}^{\infty}\frac{1-\cos n\pi}{n^2}\cos n\pi$，是常数。相应的则有：

$$1 - \frac{I_{2\infty}-I_{1\infty}}{I_{2\infty}+I_{1\infty}} = \frac{2X}{L\left(1+\dfrac{4ALJ'_s}{I_0\pi^2}\right)} + \frac{1}{1+\dfrac{I_0\pi^2}{4ALJ'_s}} \quad (3.18)$$

这说明，当 J_s 不能忽略时，只要在结面均匀分布，或者存在与位置无关的均匀分布的背景光和漏电流，$1-(I_{2L}-I_{1L})/(I_{2L}+I_{1L})$ 与入射光斑的位置 X 仍为线性关系，只是此时直线不过原点，斜率也不是 $2/L$，且与光强有关。

3.1.2 非完全反偏时的解

非完全反偏可以这样实现：PSD 光敏面受不随时间变化的均匀背景光照，在外加偏置较小。此时由于不满足完全反偏条件，但可将结电势分离成由均匀背景光和外加偏置电压产生的不随时间变化的 φ_0 和由光信号产生的随时间变化的 φ_s，单位时间单位面积被分离的电子空穴对数目 $f(\vec{r},t)$，也分离为由背景光引起的部分 $f_0(\vec{r},t)$ 和信号光引起的部分 $f_s(\vec{r},t)$。

在小信号时，$|q\varphi_s/kT|\ll 1$，则

$$\exp\left(\frac{q\varphi_s}{kT}\right) \approx 1 + \frac{q\varphi_s}{kT}$$

此时 Lucovsky 方程分离变量后，变为：

$$\nabla^2\varphi(\vec{r},t) - \frac{J_s\rho_p}{W_p}\left[\exp\left(\frac{q\varphi_0}{kT}\right)-1\right] = -\frac{qf_{0\rho_p}}{W_p} \quad (3.19)$$

$$\nabla^2\varphi_s(\vec{r},t) - \frac{qJ_s\rho_p}{W_p}\left[\exp\left(\frac{q\varphi_0}{kT}\right)\varphi_s(\vec{r},t)-1\right] - \frac{C\rho_p}{W_p}\frac{\partial\varphi_s(\vec{r},t)}{\partial t} = \frac{q\rho_p f(\vec{r},t)}{W_p} \quad (3.20)$$

光生电势 φ_s 和光生电子数 f_s 是单值连续函数，对上式(3.20)作 Laplace 变换，有：

$$\varphi_s(r,t) = \int\Psi(r,p)e^{pt}dp, f_s(r,t) = \int F(r,p)e^{pt}dp \quad (3.21)$$

$$\nabla^2 \Psi(\vec{r},p) - \alpha^2 \Psi(\vec{r},p) = -\frac{q\rho_p}{W_p} F(\vec{r},p) \tag{3.22}$$

其中

$$\alpha_0^2 = \left(\frac{qJ_s\rho_p}{kTW_p}\right) \exp\left(\frac{q\varphi_0}{kT}\right) \tag{3.23}$$

$$\tau = \frac{W_p}{c\rho_p}$$

$$\alpha^2 = \frac{c\rho_p p}{W_p} + \left(\frac{qJ_s\rho_p}{kTW_p}\right) \exp\left(\frac{q\varphi_0}{kT}\right) = \frac{p}{\tau} + \alpha_0^2$$

故 Laplace 变换后的方程变为:

$$\nabla^2 \Psi(\vec{r},p) - \alpha^2 \Psi(\vec{r},p) = -\frac{q\rho_p}{W_p} F(\vec{r},p) \quad (X < x < X + \delta) \tag{3.24}$$

$$\nabla^2 \Psi(\vec{r},p) - \alpha^2 \Psi(\vec{r},p) = 0 \quad (x < X \text{ 或 } x > X + \delta) \tag{3.25}$$

相应的方程解为:

$$\Psi_1 = A \cosh \alpha x + B \sinh \alpha x + \frac{q\rho_p}{W_p \alpha^2} \quad (X < x < X + \delta) \tag{3.26}$$

$$\Psi_2 = A_1 \cosh \alpha x + B_1 \sinh \alpha x \quad (x < X) \tag{3.27}$$

$$\Psi_3 = A_2 \cosh \alpha x + B_2 \sinh \alpha x \quad (x > X + \delta) \tag{3.28}$$

求解时用到的边界条件为:

$$\begin{cases} x = 0, \dfrac{\mathrm{d}\Psi_1}{\mathrm{d}x} = \dfrac{\rho_p}{\mathrm{d}W_p R_L}\Psi_1 \\ x = L, \dfrac{\mathrm{d}\Psi_3}{\mathrm{d}x} = \dfrac{\rho_p}{\mathrm{d}W_p R_L}\Psi_3 \end{cases}$$

利用 Ψ 及 $\mathrm{d}\Psi/\mathrm{d}x$ 在 $x=X$ 及 $x=X+\delta$ 处的连续性,列方程可以求出通解中的系数。

若 $\alpha \ll 1$,解得 $x=0$ 处的光生电动势为:

$$V_1(X,p) = \Psi_2 \big|_{x=0} = -\frac{qF(x,p)\mathrm{d}\delta R_0}{\left(\dfrac{R_0}{R_L}\right) + K\alpha L}(\cosh \alpha X - K \sinh \alpha X) \tag{3.29}$$

其中

$$K = \frac{\dfrac{R_0}{\alpha L} + R_L \tanh \alpha L}{R_L + \left(\dfrac{R_0}{\alpha L}\right) \tanh \alpha L}$$

$$R_0 = \frac{\rho_p L}{\mathrm{d}W_p}$$

R_0 为 P 区两电极间电阻。

$$I_1(X,p) = -\frac{V_1(X,p)}{R_L} = -\frac{qF(x,p)\,\mathrm{d}\delta\,\dfrac{R_0}{R_L}}{\left(\dfrac{R_0}{R_L}\right) + K\alpha L}(\cosh\alpha X - K\sinh\alpha X) \tag{3.30}$$

当 $\alpha \to 0$，$\tanh\alpha L \to \alpha L$

$$K = \frac{1}{\tanh\alpha L}\frac{\dfrac{R_0}{R_L}}{1 + \dfrac{R_0}{\alpha L}}$$

$$I_1(X,p) = \frac{qF(x,p)\,\mathrm{d}\delta\,\dfrac{R_0}{R_L}}{\left(\dfrac{R_0}{R_L}\right) + \dfrac{\dfrac{R_0}{R_L}}{1 + \dfrac{R_0}{R_L}}}\left(1 - \frac{\dfrac{R_0}{R_L}}{1 + \dfrac{R_0}{R_L}}\frac{X}{L}\right) \tag{3.31}$$

如果 $R_0 \gg R_L$，也就是说极间电阻远大于负载电阻，此时可近似看成 PSD 的负载为零的情况。此时，

$$I_1(X,p) = qF(x,p)\,\mathrm{d}\delta\left(1 - \frac{X}{L}\right) \tag{3.32}$$

此时输出电流与入射光斑位置依旧满足线性关系。如果 $R_0 \ll R_L$，这时输出光电流与入射光斑位置无关，也即没有产生光生电势。

通常情况下，$R_0/R_L > 10^3$ 容易实现，同时，如果 $2 \leqslant \alpha L \leqslant 50$，$\tanh\alpha L \to 1$，$R_0/(\alpha L \tan\alpha L) \gg R_L$，因此，$K \approx 1/(\tan\alpha L)$，则

$$I_1(X,p) = \frac{qF(x,p)\,\dfrac{\mathrm{d}\delta}{R_L}}{\dfrac{1}{R_L} + \dfrac{1}{\dfrac{R_0\tanh\alpha L}{\alpha L}}}\frac{\sinh\alpha(L-X)}{\sinh\alpha L}$$

$$= qF(x,p)\,\mathrm{d}\delta\,\frac{\sinh\alpha(L-X)}{\sinh\alpha L} \tag{3.33}$$

根据对易性，$I_1(X) = I_2(L-X)$，故

$$I_2(X,p) = qF(x,p)\,\mathrm{d}\delta\,\frac{\sinh\alpha(LX)}{\sinh\alpha L} \tag{3.34}$$

对于阶跃信号，$F = f_s/p$，输出电流

$$I_1(X,p) = \frac{i_0}{p}\frac{\sinh\alpha(L-X)}{\sinh\alpha L} \tag{3.35}$$

其中 $i_0 = q\mathrm{d}\delta f_s$ 是光生电流，对该式进行 Laplace 反变换后，得：

$$\frac{i_1(t)}{i_0} = \frac{\sinh \alpha_0 (L - X)}{\sinh \alpha_0 L} = 2\pi \sum_{n=1}^{\infty} \frac{(-1)^n n \sin n\pi \dfrac{L-X}{L}}{(n\pi)^2 + (\alpha_0 L)^2} \exp\left\{-\left[(\alpha_0 L)^2 + (n\pi)^2 \frac{\tau t}{L^2}\right]\right\}$$

$$= -2\pi \sum_{n=1}^{\infty} \frac{(-1)^n n \sin n\pi \dfrac{L-X}{L}}{(n\pi)^2 + (\alpha_0 L)^2} \left\{1 - \exp\left\{-\left[(\alpha_0 L)^2 + (n\pi)^2 \frac{\tau t}{L^2}\right]\right\}\right\} \tag{3.36}$$

这种情况下,PSD 输出光电流信号与入射光斑位置间的关系与 α 有关,仅当 α 很小时,信号光电流与位置间才满足很好的线性关系。随着 α 的增大,非线性也越来越严重。在实际使用中,为了保证较好的线性关系,应使 PSD 处于完全反偏状态下工作。

3.1.3　二维 PSD 的数值解

对二维 PSD,在完全反偏、忽略反向饱和电流的情况下,Lucovsky 方程表示为:

$$\frac{\partial \varphi}{\mathrm{d}t} - \frac{1}{rC}\left(\frac{\partial^2}{\partial x^2} - \frac{\partial^2}{\partial y^2}\right)\varphi = g(x,y,t) \tag{3.37}$$

此时式中的 φ 为 PN 结面上的电势差,C 是 PN 结单位面积的电容,r 是 PN 结的面电阻,$g(x,y,t)$ 是激励源。

如果二维 PSD 的光敏面积为 $L{\times}L$,负载及电极间的接触电阻为零,则对应的边界条件为:

$$\varphi(0,y,t) = \varphi(l,y,t) = \varphi(x,0,t) = \varphi(x,l,t),\varphi(x,y,l,0) = 0$$

满足 $\dfrac{\partial \varphi}{\partial t} = k\nabla^2\varphi$ 及上述边界条件的格林函数为:

$$G(x,y,\xi,\eta,\tau) = \frac{4}{L^2} \sum_{m=1}^{\infty} \sum_{n=1}^{\infty} \exp\left(-k\pi^2(t-\tau)\frac{m^2+n^2}{L^2}\right) \sin\frac{m\pi x}{L}\sin\frac{m\pi\xi}{L}\sin\frac{m\pi y}{L}\sin\frac{m\pi\eta}{L}$$

$$\tag{3.38}$$

$$\varphi(x,y,t) = \int_{\tau=0}^{t} \int_{\xi=0}^{L} \int_{\eta=0}^{L} g(\xi,\eta,\tau) G(x,y,\xi,\eta,\tau)\,\mathrm{d}\xi\mathrm{d}\eta\mathrm{d}\tau \tag{3.39}$$

假设光强恒定,且光斑直径很小的连续光源从 $t=0$ 时,照射到 PSD 光敏面上的点 (X,Y) 处,入射光函数可表示为:

$$g(x,y,t) = \frac{I_0}{C}\delta(x-X)\delta(y-Y)U(t) \tag{3.40}$$

其中 $I_0 = qf$ 是光生电流

$$U(t) = \begin{cases} 1 & t > 0 \\ 0 & t \le 0 \end{cases}$$

把式(3.40)代入式(3.39)得到:

$$\varphi = \frac{4I_0 r}{\pi^2} \sum_{m=1}^{\infty} \sum_{n=1}^{\infty} \frac{1}{m^2+n^2}\sin\frac{m\pi x}{L}\sin\frac{m\pi\xi}{L}\sin\frac{m\pi y}{L}\sin\frac{m\pi\eta}{L}\left[1 - \exp\left(-\frac{t}{A_{mn}}\right)\right] \tag{3.41}$$

其中

$$A_{mn} = rC\left[\left(\frac{m\pi}{L}\right)^2 + \left(\frac{n\pi}{L}\right)^2\right]^{-1} = \frac{rCL^2}{\pi^2(m^2 + n^2)}$$

这一求解结果反映了在恒定光照下,PSD 光敏面上的电势分布。利用欧姆定律的微分形式 $J_n = \sigma E_n, E_n = \partial\varphi/\partial n$。

直条四边形电极结构 PSD 的各个电极输出电流分别表示为:

$$I_1 = \frac{4I_0}{\pi^2}\sum_{m=1}^{\infty}\sum_{n=1}^{\infty}\frac{1}{m^2+n^2}\frac{m}{n}(1-\cos\pi)\sin\frac{m\pi x}{L}\sin\frac{n\pi y}{L}\left[1-\exp\left(-\frac{t}{A_{mn}}\right)\right] \quad (3.42a)$$

$$I_2 = \frac{4I_0}{\pi^2}\sum_{m=1}^{\infty}\sum_{n=1}^{\infty}\frac{-1}{m^2+n^2}\frac{m}{n}(1-\cos\pi)\cos m\pi\sin\frac{m\pi x}{L}\sin\frac{n\pi y}{L}\left[1-\exp\left(-\frac{t}{A_{mn}}\right)\right] \quad (3.42b)$$

$$I_3 = \frac{4I_0}{\pi^2}\sum_{m=1}^{\infty}\sum_{n=1}^{\infty}\frac{1}{m^2+n^2}\frac{n}{m}(1-\cos m\pi)\sin\frac{m\pi x}{L}\sin\frac{n\pi y}{L}\left[1-\exp\left(-\frac{t}{A_{mn}}\right)\right] \quad (3.42c)$$

$$I_4 = \frac{4I_0}{\pi^2}\sum_{m=1}^{\infty}\sum_{n=1}^{\infty}\frac{-1}{m^2+n^2}\frac{n}{m}(1-\cos\pi)\cos m\pi\sin\frac{m\pi x}{L}\sin\frac{n\pi y}{L}\left[1-\exp\left(-\frac{t}{A_{mn}}\right)\right] \quad (3.42d)$$

光照时间足够长时,响应达到稳态,即 $t\to\infty$,稳态时输出光电流为:

$$I_1 = \frac{4I_0}{\pi^2}\sum_{m=1}^{\infty}\sum_{n=1}^{\infty}\frac{1}{m^2+n^2}\frac{m}{n}(1-\cos\pi)\sin\frac{m\pi x}{L}\sin\frac{n\pi y}{L} \quad (3.43a)$$

$$I_2 = \frac{4I_0}{\pi^2}\sum_{m=1}^{\infty}\sum_{n=1}^{\infty}\frac{-1}{m^2+n^2}\frac{m}{n}(1-\cos\pi)\cos m\pi\sin\frac{m\pi x}{L}\sin\frac{n\pi y}{L} \quad (3.43b)$$

$$I_3 = \frac{4I_0}{\pi^2}\sum_{m=1}^{\infty}\sum_{n=1}^{\infty}\frac{1}{m^2+n^2}\frac{n}{m}(1-\cos m\pi)\sin\frac{m\pi x}{L}\sin\frac{n\pi y}{L} \quad (3.43c)$$

$$I_4 = \frac{4I_0}{\pi^2}\sum_{m=1}^{\infty}\sum_{n=1}^{\infty}\frac{-1}{m^2+n^2}\frac{n}{m}(1-\cos\pi)\cos m\pi\sin\frac{m\pi x}{L}\sin\frac{n\pi y}{L} \quad (3.43d)$$

输出光电流是入射光点位置坐标的函数,故利用该电流间的关系可以确定入射光点的位置。

3.2 PSD 的幅值定位原理

3.2.1 一维 PSD 定位原理

图 3.1 为一维 PSD 的结构以及等效电路。正如其他 PIN 探测器那样,当入射光斑照射在光敏面上时,由入射光子产生的光生载流子被电场分开,在外电路形成光电流,流过电极 1 的光电流可用下式表达:

$$I_1 = I_0\frac{\sinh[\alpha(L-x)]}{\sinh(\alpha L)} \quad (3.44)$$

式中　I_0——光生电流;

L——两电极之间的距离；

x——入射光斑距电极 1 的距离；

α——Lucovsky 衰减参数。

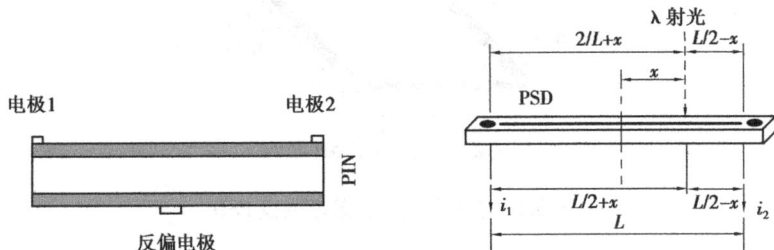

图 3.1　一维 PSD 结构及工作原理

当 α 趋于零时（对于加工完美的器件），上式可简化为：

$$I_1 = I_0\left(1 - \frac{S}{L}\right)$$

$$I_2 = I_0 - I_1 = I_0\frac{S}{L} \tag{3.45}$$

由上式可以看出，就电路回路而言，光电流在衬底中的移动是按照欧姆定律分配的，而与表面上的光斑强度、分布、对称性和尺寸无关。

一维 PSD 的两端的电极 1、2 用以输出光电流，反偏电极用来加反偏电压，使 PSD 处于完全反偏工作状态。每个电极输出的电流与入射光强度有关，同时还与入射光斑在光敏面上的位置有关。两电极间的距离为 L，以其中心为原点，两电极输出电流分别为 I_1、I_2，入射光斑在光敏面上的位置 x 可由下式计算得到

$$x = \frac{L}{2}\frac{I_2 - I_1}{I_2 + I_1} \tag{3.46}$$

I_1 和 I_2 通过求解 Lucovsky 方程得到，可表示为：

$$I_1 = \frac{2I_0}{\pi}\sum_{n=1}^{\infty}\frac{1}{n}\sin\frac{m\pi x}{L}\left[1 - \exp\left(\frac{-n^2\pi^2 t}{rCL^2}\right)\right] \tag{3.47}$$

$$I_2 = -\frac{2I_0}{\pi}\sum\frac{1}{n}\cos n\pi\sin\frac{n\pi x}{L}\left[1 - \exp\left(\frac{-n^2\pi^2 t}{rCL^2}\right)\right] \tag{3.48}$$

式中　I_0——入射光激励的光电流强度；

r——PN 结面电阻；

C——结电容；

t——时间。

3.2.2　二维 PSD 定位原理

为了确定光斑在二维 PSD 光敏面上的位置 (x,y)，需要两对电极分别输出 x,y 方向的电流。x,y 方向的电极可以在同一分流层，也可不在同一分流层，据此又分为单面分流和双面分

流型(duo-lateral)PSD。单面分流型 PSD 如图 3.2 所示。

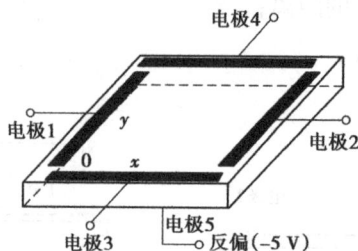

图 3.2　单面分流型直条形电极 PSD

　　二维 PSD 的光斑位置计算可以用相似的公式计算得到。但是,对单面分流和双面分流的 PSD,其计算公式是不相同的。所谓单面分流型 PSD 是指输出光电流的信号电极在同一面上,且通常都是在上表面(光敏面),其光斑位置计算如下:

$$x = \frac{L}{2} \frac{I_4 + I_3 - I_2 - I_1}{I_1 + I_2 + I_3 - I_4} \qquad y = \frac{L}{2} \frac{I_2 + I_3 - I_4 - I_1}{I_1 + I_2 + I_3 - I_4} \qquad (3.49)$$

I_1、I_2 和 I_3、I_4 为每个电极的光电流输出值,由式(3.43)确定。

　　双面分流型 PSD 如图 3.3 所示。其光斑位置计算公式为:

$$x = \frac{L}{2} \frac{I_2 - I_1}{I_2 + I_1} \qquad y = \frac{L}{2} \frac{I_4 - I_3}{I_4 + I_3} \qquad (3.50)$$

其中的 x、y 为光斑的中心位置坐标,L 为光敏面的边长,两对电极输出电流与一维 PSD 输出电流有相同的形式。

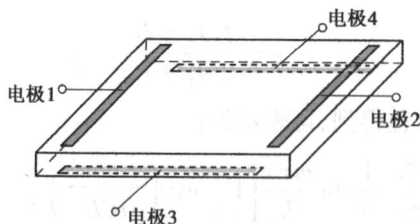

图 3.3　二维双面型 PSD

　　对一维和二维 PSD,把这种利用输出电流大小(幅值)确定入射光斑位置的方法,通常称为幅值法。

　　从求解得到的光电流式中,光斑位置 (x,y) 与光电流之间没有明确的显式函数关系。在实际测量中,根据式(3.49)和式(3.50)计算的光斑测量位置与光斑实际位置的关系如图 3.4 所示,图中边长已作归一化处理,虚线为光斑实际位置网格,实线为光斑测量位置网格。从网格图发现,通过计算得到的位置坐标与实际位置坐标间存在较大的偏差。除了边缘附近外,其余各点的计算值均大于实际值,整个网格中间稀疏,边缘密集,呈现枕形畸变。即使在光敏面的中心区域,仍然有较大的位置误差。

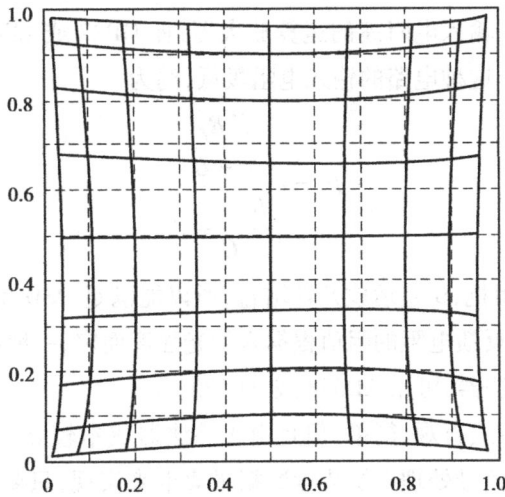

图 3.4 光斑测量位置和实际位置

此外,枕形电极 PSD 虽然能够减小枕形失真,但这是以减小其光敏面面积为代价的。其他形式的电极,如直角形电极、方框形电极也存在枕形失真。因此,在 PSD 上利用幅值法测量光斑位置时,需要采取有效的方法对测量结果的枕形失真进行处理。

3.2.3 基本的 PSD 信号处理电路

一种实用的一维 PSD 信号处理电路图如图 3.5。主要包括由反相输入放大器 IC_1 和 IC_2 实现电流/电压变换,当运算放大器的输入基极电流很小时,输出电压与输入电流之间满足线性关系,即 $U_1 = -I_1 R_f$,但该级运放的质量会影响到测试系统的噪声和测量精度。

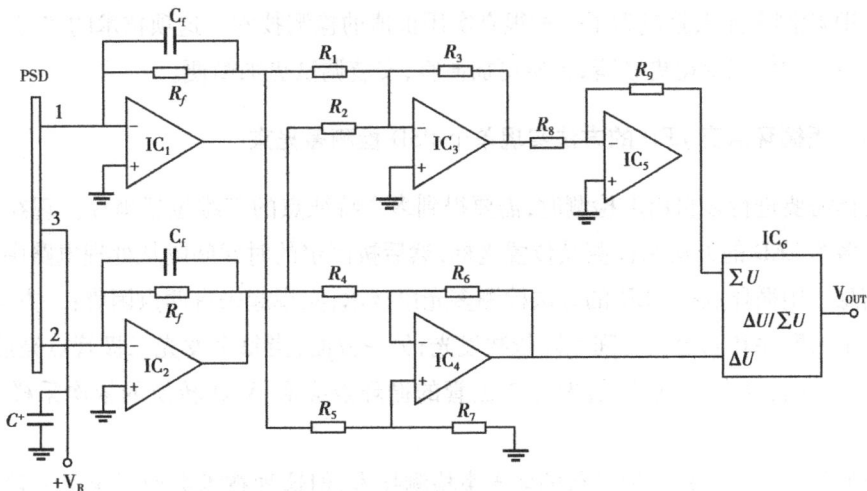

图 3.5 一维 PSD 的基本信号处理电路

为了达到比较高的测量精度,该级运放应选用输入基极电流小、输入偏置电流小、输入失调电压很小、温度系数小、输入电阻高的运算放大器,如 OP27 或 LF4ll,并且在反馈电阻两端并联小电容以减小噪声。这种电路的输入电阻极低,约为

$$R_i = \frac{\dfrac{Z_i R_f}{1+G}}{\dfrac{R_f}{1+G} + Z_i} \tag{3.51}$$

Z_i 是运放开环输入阻抗,G 是运放开环增益,所以能满足 PSD 负载为零的要求。所有电阻均应选用金属膜电阻,反馈电阻的阻值根据入射光强度而定,一般在 $10 \sim 100$ kΩ,其他阻值为 10 kΩ。IC_6 是模拟除法器,可用 AD538 或 AD533。

虽然这种信号处理方式直观、简单,但是由于除法器成本较高,也不易买到,运算处理部分通常采用单片机、数字信号处理系统或者数据采集卡来实现,只要 A/D 转换器的分辨率足够高,运算精度通常都高于模拟信号处理的方法,而且,这样做既能实现位置检测结果的数字化显示,易于简化测试系统。

3.3 基于单片 PSD 的多光束同步检测技术

在现有的 PSD 应用中,通常用单个 PSD 检测一路光信号。然而很多光学测量系统都需要同时探测多个光信号,例如多自由度的测量。如果测量系统采用多个 PSD 探测器,则会使整个测量系统的体积变得臃肿,而且也会增大多个光电探测器对准的难度。另一方面,由于光电探测器件的价格较昂贵,如果系统使用多个探测器件必将增加整个系统的成本。因此,用单个 PSD 检测多光束就成为了一种很有实用价值的检测技术。这项技术的实现,将使多自由度检测系统的体积变得更紧凑,价格更加便宜,安装调试更加简便。

3.3.1 用循环点亮 LED 的方法实现单个 PSD 检测多光束

在目标需要进行多自由度检测时,需要得到多个特征点的三维位置坐标。现在通常采用循环点亮多个 LED 的方法来检测其位置坐标,然后按固定的时间间隔从处理电路中提取出这些坐标信息。用循环点亮 LED 的方法检测多光束技术,实现起来有两点困难:一方面,各个特征点按给定的顺序和固定的时间间隔依次发光;另一方面,当每个发光二极管点亮后,就应当启动一次 A/D 转换。也就是说,发光二极管的循环点亮和 A/D 转换的依次采样必须严格同步。

光源循环点亮虽然是一种可行的多光束检测技术,但这种技术会使系统引入瞬态效应造成 PSD 饱和而不能正常工作。为了消除这种饱和影响,就必须降低被检信号的幅度,但是这样做又会导致测量分辨率的降低。由 PSD 的瞬态特性可知[12],PSD 电极输出方波信号的波形并不是很理想,所以如果采样点选取得不好,将影响到整个系统的检测精确度。

综上所述,用循环点亮 LED 的方法实现多光束的检测技术,硬件电路实现起来有一定的难度,其检测精度会受到 PSD 瞬态特性的限制。

3.3.2　基于幅度的单片 PSD 同步检测多光束技术的理论分析

图 3.6 显示一维 PSD 的剖面示意图以及其等效电路。PSD 传感器通过在片状本征半导体表面进行掺杂工艺制成 P 型层和 N 型层,在中间插入较厚的高阻 I 层,从而形成面状的 PIN 结。这种结构的特点是 I 层耗尽层较宽,结电容 C_j 较小,光生载流子几乎都在 I 层耗尽区产生,没有扩散分量的光电流。因此响应速度比普通光电二极管要快很多。当光束入射到光敏面上时,在同一面的不同电极之间将产生光电流,这种电压或电流随着光点位置变化而变化的现象就是半导体的横向光电效应。

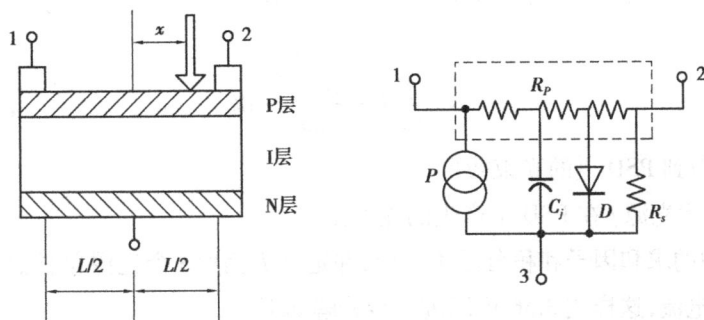

图 3.6　一维 PSD 结构及等效电路

PSD 的 P 层可以看成厚度为 w、电阻系数为 ρ 的电阻层,I 层可以视为具有均匀分布电容系数的耗尽层。则 PSD 工作在全反偏模式下所产生的光电压可描述如下

$$\nabla^2 U = -\frac{\rho}{w}(J_s + J_d) \tag{3.52}$$

式中　J_d——反向饱和电流密度;

　　　J_s——PSD 表面受到光照射时所产生的光电流密度;

　　　U——横向电势差;

　　　w——上电阻层的厚度;

　　　ρ——电阻系数。

公式 3.52 可以分解为两个独立的公式:稳态电压 U_0 以及光束所产生的光电压 U_s。其中稳态电压 U_0 由外部反偏电压、漏电流、背景光所产生的光电流组成。如果忽略稳态电压 U_0,则公式 3.52 可以进一步简化如下式:

$$\nabla^2 U_s = -\frac{\rho}{w}J_s \tag{3.53}$$

对于具体型号的 PSD,公式 3.53 表示 PSD 输出光电流与光电压之间的函数关系:

$$I_i = -\frac{\rho}{w}\int \frac{\partial U_s}{\partial n} \mathrm{d}l_i \tag{3.54}$$

式中, I_i 是电极 i 流出的电流强度。式 3.55 表示了二维 PSD 输出电流与光源位置信号之间的函数关系,即

$$x = \frac{I_1 - I_2}{I_1 + I_2} \frac{L}{2} \tag{3.55a}$$

$$y = -\frac{I_3 - I_4}{I_3 + I_4} \frac{L}{2} \tag{3.55b}$$

式中 L ——PSD 的最大工作范围。

由式(3.55)的关系式看出,PSD 检测到的光源位置就是其照射在 PSD 光敏面上光斑的能量重心,输出的位置信号 x, y 不随入射光的强度波动而发生改变。在反偏电压保证 PSD 不出现饱和现象的条件下,同时让多路光束照射在 PSD 光敏面上,由式(3.53)可知,PSD 总的输出电压等于各光束单独照射所产生的光电压之和,如下式:

$$I_i = -\frac{p}{w} \int \frac{\partial \left(\sum\limits_{j=1}^{N} U_{sj} \right)}{\partial n} \mathrm{d}l_i \tag{3.56}$$

式中 N ——照射到 PSD 上的光束数目;

   U_{sj} ——指示光源 j 在 PSD 上产生的光电压。

将式 3.56 中的求和因子和积分因子互换,并定义 I_{ij} 为第 j 个光源单独照射在 PSD 上,电极 i 所产生的光电流,这样式 3.56 可以进一步分解如下:

$$I_i = -\frac{p}{w} \sum_{j=1}^{N} \left(\int \frac{\partial U_s}{\partial n} \mathrm{d}l_i \right) = \sum_{j=1}^{N} I_{ij} \tag{3.57}$$

式(3.57)表明,当多路光束同时照射在 PSD 光敏面上时,其光电流就等于每个光源单独照射在 PSD 光敏面上的光电流之和。这样,式 3.57 就为 PSD 同步检测多路光信号技术的实现提供了理论基础。

3.4   一维 PSD 的幅值法定位

利用幅值法实现光束定位检测,其检测系统的原理如图 3.7 所示。其中,方波发生器提供调制信号来驱动 LED 工作。PSD 将检测到的 LED 光斑位置信号送入信号处理电路,进行前置放大和模拟加减运算。经过高通滤波后,得到的信号已经消除了背景光噪声的影响,通过采样保持器的光电流信号,分别经过模拟除法器 1、2 计算,得到光束的位移量或瞬时位置。

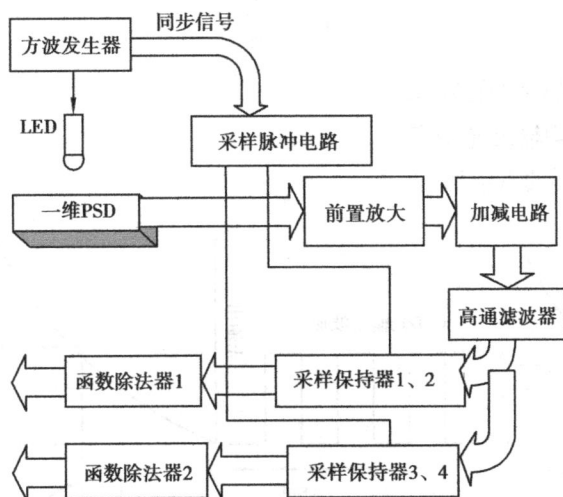

图 3.7　测试系统框图

电路分为两大部分:其一为信号发生电路部分,包括调制方波发生器和采样脉冲发生电路。其二为信号处理电路部分,包括前置放大、模拟加减运算、采样保持电路、背景光消除电路以及模拟除法电路。

3.5　二维 PSD 幅值法定位

对实现一维 PSD 光信号技术分析可以看出,基于幅值测量的同步检测技术是可行的,两路光束之间没有干扰。采用了消除背景光电路以后,电路的抗背景光干扰能力得到大幅改善。在实际应用中,基于 PSD 的双目体视位姿检测系统需要复杂的矩阵运算,这些计算工作只有通过 PC 机来处理。另外,PSD 的位移计算公式中涉及的加减和除法运算,也可以用 PC 机的软件计算来实现。所以,在上位机中实现二维 PSD 多光束同步检测,是必不可少的。

3.5.1　红外 LED 电光特性及驱动

发射光谱峰值为 880 nm 和 940 nm 的近红外发光二极管,与硅光电探测器的接收光谱匹配优良,而且制造成本和售价低廉,因此在光电仪器、工业自动化装置中,应用很广泛。

(1)光电特性
电光转换特性是 LED 的光输出功率与注入电流的关系曲线,即 P-I 曲线,因为是自发发射光,所以 P-I 曲线的线性范围较大,如图 3.8 所示。LED 的输出光功率是 LED 重要参数之一,分为直流输出功率和脉冲输出功率。所谓直流输出光功率是指在规定正向直流工作电流下,LED 所发射出的光功率。所谓脉冲输出光功率是指在规定幅度、频率和占空比的矩形脉冲电流作用下,LED 发光面所发射出的光功率。脉冲峰值输出光功率和平均输出功率的关系为:

$$P_P = \frac{P_{AV}}{D_R} \qquad\qquad (3.58)$$

式中　P_P——脉冲峰值输出光功率;

　　　P_{AV}——脉冲平均输出光功率;

　　　D_R——脉冲波形的占空比。

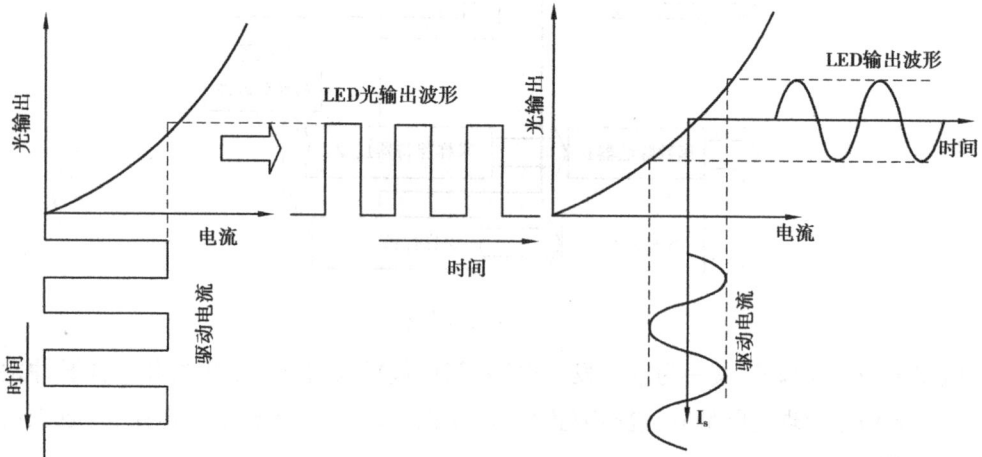

图 3.8　LED 电光特性曲线

当在规定的直流正向工作电流下,对 LED 进行数字脉冲或者模拟信号电流调制,便可以实现对输出光功率的调制。LED 有两种调制方式,即数字调制和模拟调制,如图 3.8 所示。调制频率或调制带宽是光通信用 LED 的重要参数之一,它关系到 LED 在光通信中的传输速度大小,LED 因受有源区内少数载流子寿命的限制,其调制的最高频率通常只有几十兆赫兹。调制带宽是衡量 LED 的调制能力,其定义是在保证调制度不变的情况下,当 LED 输出的交流光功率下降到某一低频参考频率值的 1/2 时(-3 dB),此时的频率就是 LED 的调制频率。

光源的强度不稳定及光强度重心变化将使 PSD 输出电流产生漂移,因此,发光功率稳定、性能可靠的指示光源是提高本实验系统检测精度的重要因数,甚至关系到实验的成败。

(2)LED 的驱动方式

LED 的驱动电压为 1.4~3 V。LED 在脉冲方式工作下,其正向脉冲电流的最大允许值要比直流极限电流 I_{FM} 大。正向工作电流的大小将引起发光强度的变化,在实际运用中 LED 所需的驱动电流较大,集成电路的输出能力显得不足,这时就可以外加晶体管进行驱动。晶体管与 LED 器件的连接可以分为串联和并联两种,根据选用 PNP 型和 NPN 型晶体管的不同,还有采用集电极输出与发射极输出的不同,串联驱动的具体电路可分为 4 种情况,如图 3.9 所示:图(a)NPN 晶体管集电极输出;图(b)NPN 晶体管发射极输出;图(c)PNP 晶体管集电极输出;图(d)PNP 晶体管发射极输出。考虑到集成电路输出高电平的驱动能力较弱,因此采用 PNP 晶体管,用集成电路输出的低电平去控制 LED 导通比较好。对于 PNP 晶体管驱动是采用集电极输出还是发射极输出,集电极输出电流的大小受到放大倍数的影响,不容易一致;而图(d)的发射极输出能比较稳定地控制 LED 的工作电流。因此采用电路图(d)较适合。

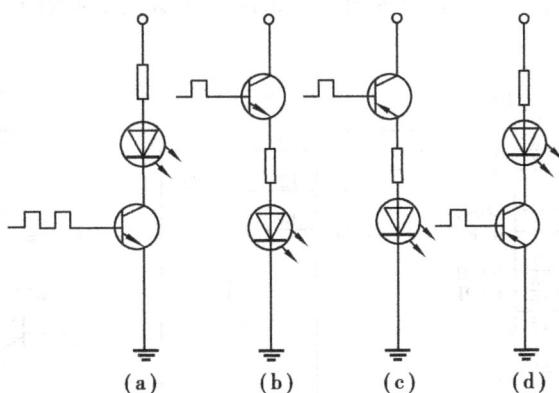

图 3.9　LED 的几种驱动方式

由于本实验所采用的驱动 LED 方波信号的调制频率为 1 kHz 和 2 kHz,如果用普通的小功率三极管作为驱动器,其上升沿时间较大,将会发生波形失真现象。因此本实验系统选用开关型三极管 3CK2 作为 LED 驱动晶体管。它的上升、下降时间 T_{on}、T_{off} 为 200 ns。图 3.9 中的电阻起限流的作用。由于 LED 的工作电流为 10~20 mA,如果工作电流过小,LED 发光强度将会不稳定,影响 PSD 对入射光斑的检测精度。如果工作电流太大,就会使 LED 损坏。

(3)驱动 LED 工作的方波发生器

由前面几章可以看出,要使基于幅值测量的多光束同步检测技术得以实现,最关键的问题就是产生幅值、频率和相位都很稳定的方波驱动信号。随着电子技术的飞速发展,现在有多种方案可以实现信号发生功能,而且很多公司还开发出了专用的集成函数发生芯片投放市场。MAX038 是 Maxim 公司生产的一种通用波形发生芯片,只需要极少的外部元件就能精确产生各种高频信号。MAX038 能产生正弦波、方波和三角波。在频率范围、频率精度、输出波形控制等方面都有了很大的提高,因此可以广泛应用于波形的产生、压控振荡器、脉宽调制器及 FSK 发生器等。MAX038 的输出频率由片内 2.5 V 带隙电压基准和片外电阻、电容控制。其输出波形是对称电位的 2Vp-p 信号,可提供最大 20 mA 的驱动电流。

主要特点:

- 宽频带,0.1~20 MHz 频率发生范围;
- 多种波形选择:正弦波、三角波、矩形波;波形选择稳定时间小于 0.5 μs;
- 波形直接由控制电平选择,选择电平和 TTL/COMS 兼容;
- 低输出阻抗:0.1 Ω;
- 10%~20% 占空比可调;
- 极低的正弦波畸变:0.75%;
- 频率和占空比独立可调,互不影响;
- 具有同步输出端,可使系统中的其他器件与 MAX038 保持同步;
- 集成了相位检测器,扩展了器件的使用范围。

实验系统所需的采样脉冲序列可以通过 MAX038 的同步信号进行逻辑运算得到采用过零比较的办法,将模拟信号转换为 TTL 电平。这种方法简单,输出波形也非常令人满意。图

3.10显示了同步方波发生器的电路原理图。图 3.11 为方波发生器输出波形图。

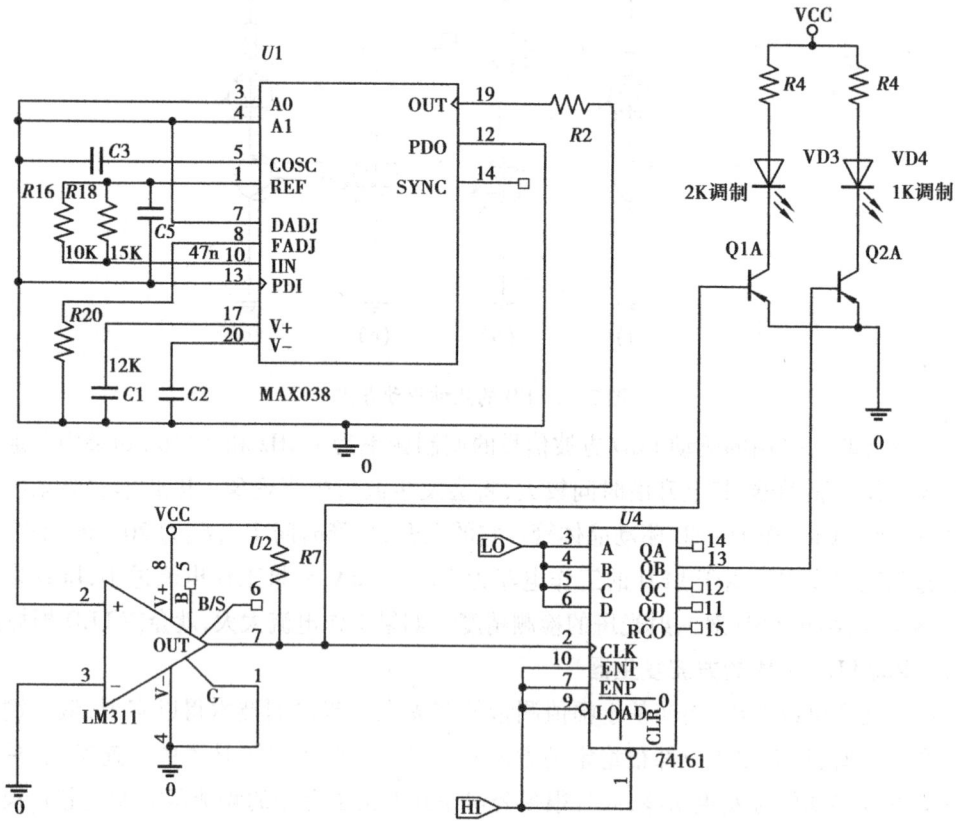

图 3.10　方波发生器电路原理图

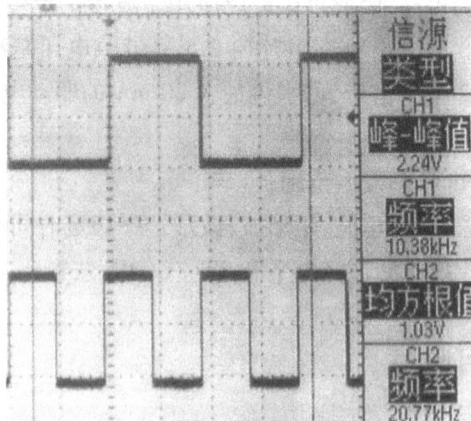

图 3.11　两路同步方波的输出波形图

采样脉冲序列的正确与否是本实验系统检测精确性的关键因素。由于 PSD 瞬态响应的存在,采样点应该靠近 PSD 输出方波信号的中部,这样才能保证检测的准确性。MAX038 的同步输出信号超前方波输出信号 90°,如果以同步信号作为触发器的时钟脉冲,那么采样点将

位于被测方波信号的中部,如图 3.12 所示。这几路采样信号的逻辑运算关系式如下:

$$S_1 = SYN\uparrow \cdot \overline{V_1}, S_2 = SYN\downarrow \cdot \overline{V_1}, S_3 = SYN\uparrow \cdot V_1$$

式中　S_1——1K 方波采样脉冲;

$\quad\quad$ S_2——2K 方波采样脉冲;

$\quad\quad$ S_3——背景噪声采样脉冲;

$\quad\quad$ V_1——调制频率为 1K 的方波信号;

$\quad\quad$ $SYN\downarrow$——同步信号 SYN 的下降沿触发脉冲;

$\quad\quad$ $SYN\uparrow$——同步信号 SYN 的上升沿触发脉冲。

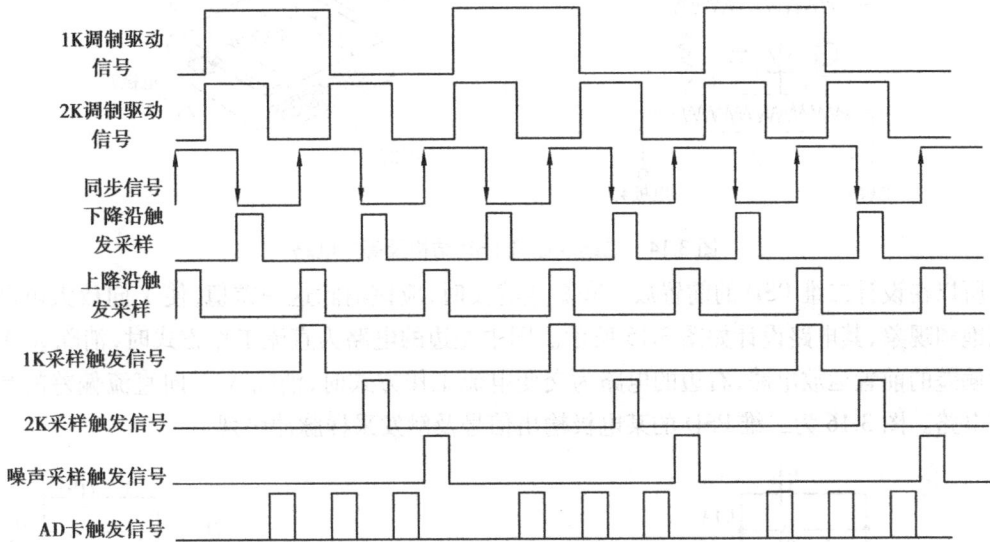

图 3.12　两路光束的采样脉冲序列

图 3.13 为 S_1 和 S_2 两路采样脉冲序列的输出波形图。

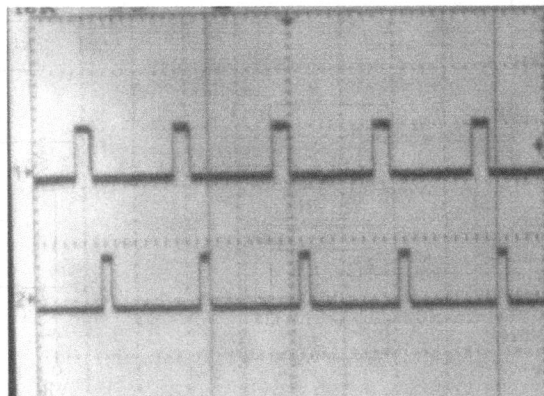

图 3.13　采样脉冲序列实验输出波形

3.5.2　硬件电路设计

由 PSD 的工作原理可以看出,输出信号 I_1、I_2 的加减以及除法运算都可以通过 PC 机进行数据处理。另一方面,由 3.2 节一维 PSD 多光束检测技术可以看出,采样保持电路可以通过 AD 卡的多通道采样电路代替。因此,实验系统采用 AD 采集卡和 PC 机以后,使得信号处理电路大大简化,只需保留高通滤波以及前置运算放大器。

实验中采用的二维光电探测器是日本滨松公司生产的双面型 PSD,其结构以及等效电路如图 3.14 所示。从双面型 PSD 的等效电路可以看出,X 方向和 Y 方向的输出电极分别位于 PSD 的上下两层。因此下层的 Y 向输出信号基准将高出 X 向 V_R(V_R 为反偏电压,一般取+5 V)。

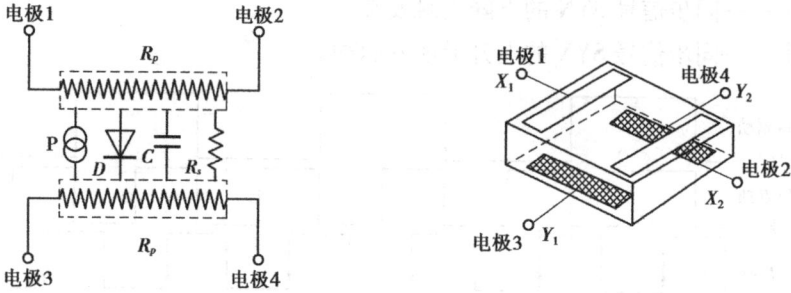

图 3.14 二维双面型 PSD 结构及等效电路

所以在设计二维 PSD 的前置放大和高通滤波时,应该消除这一差值,使 Y 向放大电路不出现饱和现象,其电路设计如图 3.15 所示。图中左边的电路为直流工作方式时,消除 X、Y 向直流偏差的前置运放电路,右边的电路为交变电流工作方式时,消除 X、Y 向直流偏差的高通滤波电路。图 3.16 为二维 PSD 的某电极输出信号及触发采样脉冲序列。

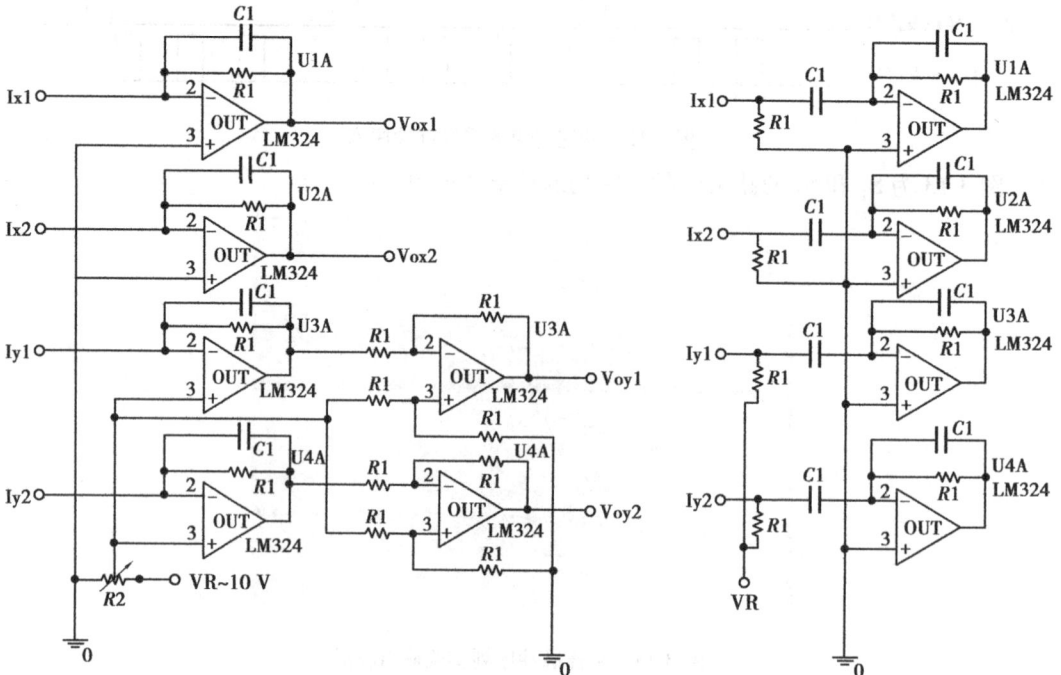

图 3.15 二维双面型 PSD 前置放大电路图

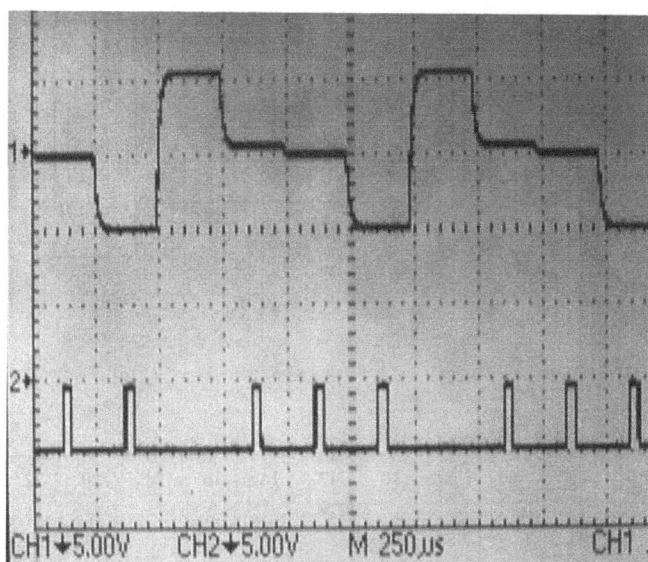

图 3.16　二维 PSD 输出信号及采样脉冲序列实验结果

3.6　幅值法的实验测试

基于以上原理和方法,利用检测输出光电流,对入射光斑在一维和二维 PSD 光敏面的位置坐标进行实验测试。

3.6.1　一维 PSD 的实验结果

由于光斑大小将影响到实验的检测精度,所以本实验系统通过凸透镜将 LED 成像在 PSD 上,PSD 被固定在一个二维微位移平台上。实验中选用的红光 LED 截面直径为 3 mm,所采用的光学成像元件为焦距 75 mm 的凸透镜。由于实验条件的限制,本实验选取放大倍数为 3 倍,两个 LED 固定在支架上,它们的间距为 200 mil(5.08 mm)。一维 PSD 的光敏面范围为 20×2 mm,最小步长为 0.01 mm。

图 3.17 和图 3.18 分别是一维 PSD 同步检测两路光束的实验结果,本实验一共检测了 8 组数据。由实验结果可以看出,本实验系统检测重复度很高,在 PSD 光敏面的中间部分线性度很好,其灵敏度为 1 V/mm,分辨率为 50 μm。通过对比不同实验条件下的实验结果,可以看出本实验系统抗背景光干扰能力强,即使在日光灯照射的条件下实验,实验系统都能正常工作。

已有研究表明,LED 在 PSD 上成像光斑的大小对检测精度有较大的影响。虽然在本实验中,LED 通过凸透镜聚焦在 PSD 光敏面上,但成像的光斑仍然较大(光斑大小的直径为 3 mm 左右),所以对检测精度同样有影响。

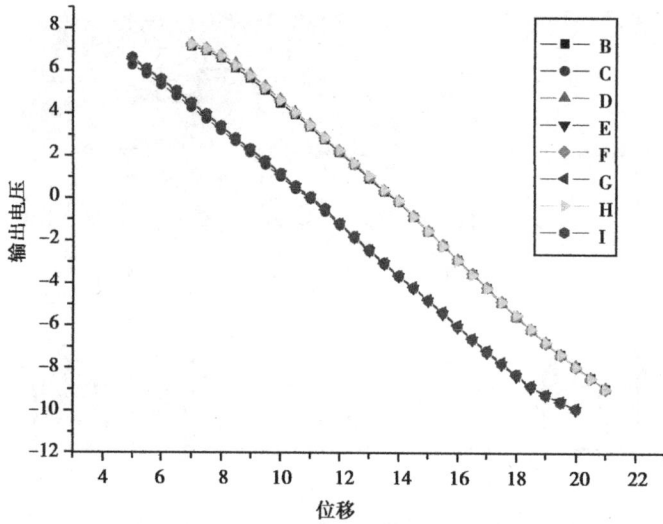

图 3.17　一维 PSD 同步检测两路光束实验结果(晚上)

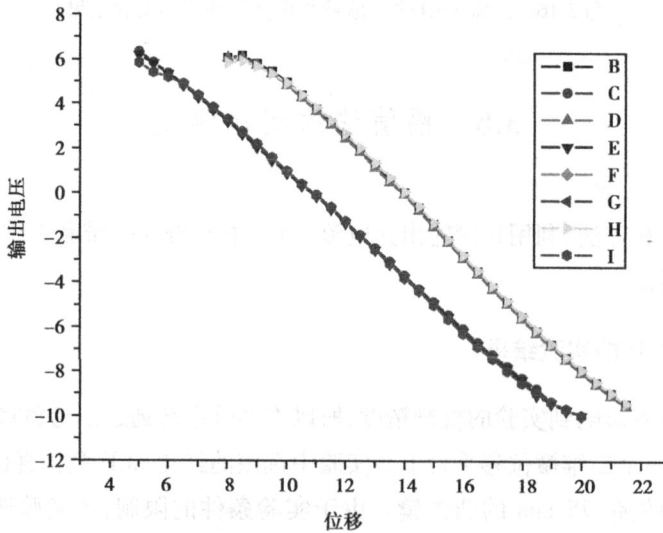

图 3.18　一维 PSD 同步检测两路光束实验结果(白天)

3.6.2　二维 PSD 的实验结果

在本实验中,所采用的二维 PSD(S1300)配备了相应的信号处理卡,信号处理卡采用了直流驱动模式。因此,在信号检测时,从信号卡上的 XY 方向的 4 个输出电极得到经过放大处理后的光电流信号。

由于本文采样的二维 PSD(S1300)已经被焊在日本滨松公司的信号处理卡 C4757 上,很难把 PSD 从卡上取下来。而这块信号处理卡的工作方式是直流驱动模式,所以本实验只能从信号卡上引出 X、Y 方向的四路经过放大的输出信号,然后通过 AD 卡采集送入 PC 机,如图

3.19所示。本实验仍然采用上述一维 PSD 的实验平台,只是把一维 PSD 信号处理电路换成二维 PSD 信号处理卡 C4757。

图 3.19　二维双面型 PSD 及实验连线图

　　本实验是在夜间无光照下进行,受到背景光影响很小。把二维微位移平台沿着 45 度角移动,每次在 X 方向和 Y 方向上均移动一个毫米,一共进行了 4 组实验,图 3.20 和图 3.21 为二维 PSD 同步检测两路光束的实验结果。可以看出二维 PSD 同步检测多路光信号的线性度很好,其 X 方向上的检测灵敏度为 0.15 V/mm,Y 方向上的检测灵敏度为 0.17 V/mm。实验电路中由于没有加背景光消除电路,虽然在背景光较小的环境中进行,但还是存在环境噪声干扰,在一定程度上降低了检测分辨率。

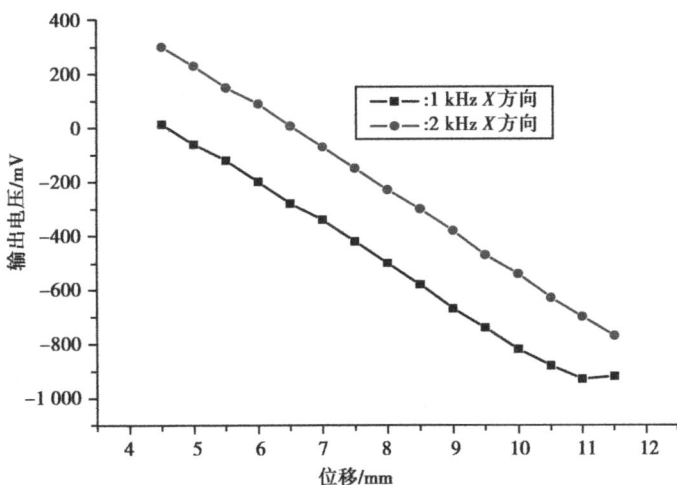

图 3.20　X 方向上二维 PSD 同步检测两路光束实验结果

　　由二维 PSD 同步检测两个光束的实验结果可以验证,用 PC 机实现二维 PSD 同步多路光束检测技术是可行的,精度也比较满意。如果进一步改进实验方法,如减小光斑大小,增加背景光消除电路,实验精度将得到大幅提升。因此,本实验也验证了基于 PSD 的双目体视位姿检测系统是可以实现的。

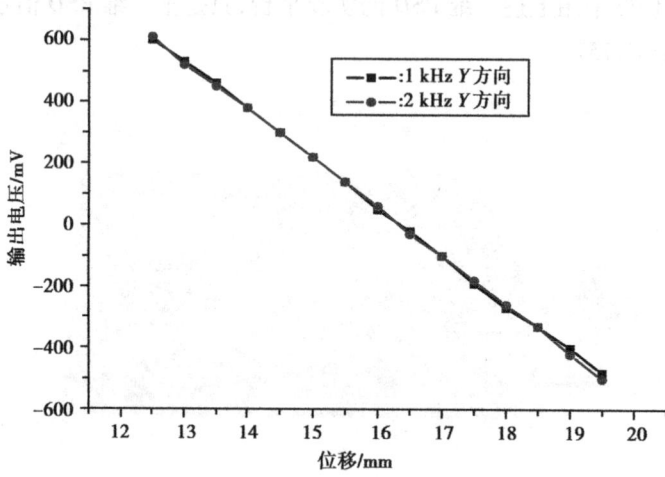

图 3.21　Y 方向上二维 PSD 同步检测两路光束的实验结果

第 **4** 章

PSD 的相位法多光束检测

位置敏感探测器的主要用途就是用于目标的定位检测,包括同轴对准、目标位置检测等,其基本原理是利用三角测量法。在利用 PSD 进行测量时,根据实际需要,有单片 PSD、两片 PSD 以及三片 PSD 的测量系统。通常在利用幅值法检测时,对多个光源需要用多片 PSD 测量进行检测,这增加了系统的复杂性。在对爬壁机器人的位姿检测中,也提出了基于单片 PSD 利用幅值法多光束检测,但是,爬壁机器人上的不同光源是通过循环点亮的方式分立分时、顺序循环工作的。如果利用调制光源照射 PSD,可以利用相位法实现多光束的同步检测。

4.1　PSD 相位法位置检测的原理

由 PSD 的 RC 传输线模型可进一步推导出利用相位法来实现 PSD 位置检测的原理。由上一节的内容可知,可以将位置敏感探测器理解为阻容均匀分布的网络,一维 PSD 和二维 PSD 的 RC 传输线模型具有一致的函数关系式,为了简化理论推导的难度,下面就以一维 PSD 为例进行分析。一维 PSD 的 RC 等效模型如图 4.1 所示。其中 R 为 PN 结单位长度的面电阻,R_s 为 PN 结单位长度的漏电阻,C 为单位长度的结电容,两端的输出阻抗分别为 Z_S 和 Z_L。

假设一束单色光照射 PSD 光敏面,所激发的光生电流的幅值与入射光的强度成正比,在光斑直径很小的情况下,用与光斑位置相关的脉冲函数表示输出的光生电流。调制入射光源激发的电流可表示为:

$$I(x,t) = I_{DC} + Re(I_0 e^{j\omega t}) \cdot \delta(x - x_1) \tag{4.1}$$

式中　I_{DC}——直流分量;

　　　I_0——调制信号的幅值;

　　　ω——调制信号的角频率;

59

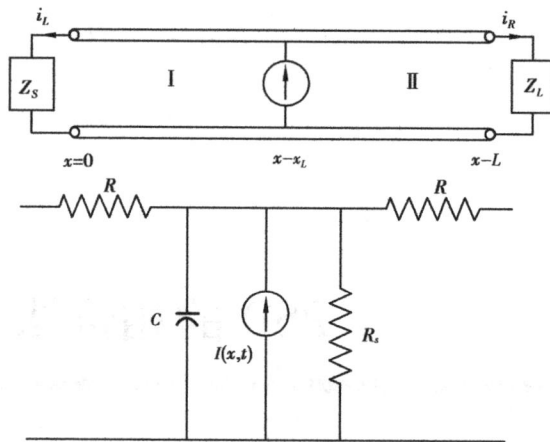

图 4.1　一维 PSD 等效电路

x_1——入射光斑位置。

在等效传输线上，电压 V 和电流 I 的关系可以表示为：

$$\frac{\partial V}{\partial t} = \frac{1}{C}\frac{\partial^2 V}{\partial t^2} - \frac{V}{CR_s} + \frac{1}{C}I(x,t) \tag{4.2}$$

$$\frac{\partial V}{\partial t} = -IR \tag{4.3}$$

由于等效传输线只含线性元件，根据式(4.1)~式(4.3)，在稳态时，在频域内差分方程可改为

$$j\omega V = \frac{1}{C}\frac{d^2 V}{dt^2} - \frac{V}{CR_s} + \frac{1}{C}\delta(x-x_1) \tag{4.4}$$

$$\frac{dV}{dt} = -IR \tag{4.5}$$

在光照区内，电压连续而电流不连续，因而式(4.4)改为

$$\frac{d^2 V}{dt^2} - \gamma^2 V = 0 \tag{4.6}$$

其中 $\gamma^2 = j\omega CR + R/R_s$，求解微分方程式(4.5)和式(4.6)的初始条件为：

$$V_{\mathrm{I}}(x_1) = V_{\mathrm{II}}(x_1) \qquad I_{\mathrm{I}}(x_1) + 1 = I_{\mathrm{II}}(x_1) \tag{4.7}$$

同时，在负载终端的边界条件为：

$$V_{(x=0)} = Z_S I_{(x=0)} \qquad V_{(x=L)} = Z_L I_{(x=L)} \tag{4.8}$$

求解微分方程，得到在 I 区的电压和电流的解为

$$V_{\mathrm{I}}(x) = Ae^{-\gamma \cdot x} + Be^{\gamma \cdot x} \tag{4.9}$$

$$I_{\mathrm{I}}(x) = -\frac{1}{Z_0}(Ae^{-\gamma \cdot x} - Be^{\gamma \cdot x}) \tag{4.10}$$

在 II 区的电压和电流的解为

$$V_{\mathrm{II}}(x) = Ce^{-\gamma \cdot x} + De^{\gamma \cdot x} \tag{4.11}$$

$$I_{\mathrm{II}}(x) = -\frac{1}{Z_0}(Ce^{-\gamma \cdot x} - De^{\gamma x})$$

（4.12）

其中

$$Z_0 = \left(\frac{R_s}{j\omega C + \dfrac{1}{R_s}} \right)^{\frac{1}{2}}$$

A, B, C 和 D 为需根据初始和边界条件确定的待定系数。加载边界条件求解得到电压和电流在 I 区为

$$V_{\mathrm{I}}(x, x_1, t) = -\frac{Z_0}{2} \left(\frac{e^{-\gamma x_1} + \Gamma_L e^{\gamma x_1}}{\Gamma_S \Gamma_L - 1} \right)(\Gamma_S e^{-\gamma x} + e^{\gamma x})e^{j\omega t}$$

（4.13）

$$I_{\mathrm{I}}(x, x_1, t) = -\frac{1}{2} \left(\frac{e^{-\gamma x_1} + \Gamma_L e^{\gamma x_1}}{\Gamma_S \Gamma_L - 1} \right)(\Gamma_S e^{-\gamma x} - e^{\gamma x})e^{j\omega t}$$

（4.14）

同理可得电压和电流在 II 区的解为

$$V_{\mathrm{II}}(x, x_1, t) = -\frac{Z_0}{2} \left(\frac{\Gamma_S e^{-\gamma x_1} + e^{\gamma x_1}}{\Gamma_S \Gamma_L - 1} \right)(e^{-\gamma x} + \Gamma_L e^{\gamma x})e^{j\omega t}$$

（4.15）

$$I_{\mathrm{II}}(x, x_1, t) = -\frac{1}{2} \left(\frac{\Gamma_S e^{-\gamma x_1} + e^{\gamma x_1}}{\Gamma_S \Gamma_L - 1} \right)(e^{-\gamma x} - \Gamma_L e^{\gamma x})e^{j\omega t}$$

（4.16）

其中

$$\Gamma_S = \frac{Z_S - Z_0}{Z_S + Z_0}, \Gamma_L = \frac{Z_L - Z_0}{Z_L + Z_0}\exp(-2\gamma L)$$

为得到电极输出的电流,分别令 $x=0$ 和 $x=l$,得到

$$i_L = \mathrm{Re}\left[\frac{1}{2} \left(\frac{e^{-\gamma x_1} + \Gamma_L e^{\gamma x_1}}{\Gamma_S \Gamma_L - 1} \right)(\Gamma_S - 1)e^{j\omega t} \right]$$

（4.17）

$$i_R = \mathrm{Re}\left[-\frac{1}{2} \left(\frac{\Gamma_S e^{-\gamma x_1} + e^{\gamma x_1}}{\Gamma_S \Gamma_L - 1} \right)(e^{-\gamma L} - \Gamma_L e^{\gamma L})e^{j\omega t} \right]$$

（4.18）

当负载 $Z_S = Z_L = 0$ 时,$\Gamma_S = -1$,$\Gamma_L = -\exp(-2\gamma L)$,有

$$i_L = \mathrm{Re}\left\{ \frac{\sinh[\gamma(L - x_1)]}{\sinh(\gamma L)}e^{j\omega t} \right\}$$

（4.19）

$$i_R = \mathrm{Re}\left[\frac{\sinh(\gamma x_1)}{\sinh(\gamma L)}e^{j\omega t} \right]$$

（4.20）

电流在极坐标下用幅值和相位可表示为

$$i_L = \mathrm{Re}[A(x_1)e^{j\varphi(x_1)}e^{j\omega t}]$$

（4.21）

$$i_R = \mathrm{Re}[B(x_1)e^{j\theta(x_1)}e^{j\omega t}]$$

（4.22）

其中相位 $\varphi(x_1)$,$\theta(x_1)$ 与入射光斑的位置 x_1 有关,忽略时间因子,相位可表示为:

$$\varphi(x_1) = \mathrm{Angel}\left\{ \frac{\sinh[\gamma(L - x_1)]}{\sinh(\gamma L)} \right\} = \mathrm{Angel}\{\sinh[\gamma(L - x_1)]\} - \mathrm{Angel}[\sinh(\gamma L)]$$（4.23）

$$\theta(x_1) = \text{Angel}\left[\frac{\sinh(\gamma x_1)}{\sinh(\gamma L)}\right] = \text{Angel}\left[\sin(\gamma x_1)\right] - \text{Angel}\left[\sinh(\gamma L)\right] \tag{4.24}$$

则相位差 $\Delta\varphi(x_1) = \varphi(x_1) - \theta(x_1)$，并进一步简化，相位差可表示为

$$\Delta\varphi(x_1) = \varphi(x_1) - \theta(x_1) = \text{Angel}\left\{\frac{\sinh[\gamma(L-x_1)]}{\sinh(\gamma L)}\right\} - \text{Angel}\left[\frac{\sinh(\gamma x_1)}{\sinh(\gamma L)}\right]$$

$$= \text{Angel}\left\{\sinh[\gamma(L-x_1)]\right\} - \text{Angel}\left[\sinh(\gamma x_1)\right]$$

$$= \arctan\left\{\frac{\cosh\left[\sqrt{r}(L-x)\cos\dfrac{\theta}{2}\right]}{\sinh\left[\sqrt{r}(L-x)\cos\dfrac{\theta}{2}\right]}\tan\varphi\right\} - \arctan\left[\frac{\cosh\left(x\sqrt{r}\cos\dfrac{\theta}{2}\right)}{\sinh\left(x\sqrt{r}\cos\dfrac{\theta}{2}\right)}\tan\alpha\right] \tag{4.25}$$

其中 $r = \sqrt{(R/R_s)^2 + (\omega RC)^2}$，$\psi = \arctan(\omega R_s C)$，$\varphi = \sqrt{r}(L-x_1)\sin\psi/2$，$\beta = \sqrt{r}L\sin\psi/2$，$\alpha = \sqrt{r}x_1\sin\psi/2$。设 PSD 的结构参数 $R = 200\ \text{k}\Omega$，$R_s = 10\ \text{M}\Omega$，$C = 27\ \text{pF}$，光敏面长 $L = 20\ \text{mm}$，光源调制频率为 $\omega = 20\ \text{kHz}$ 时，图 4.2 给出了左右电极输出光电流信号的相位和相位差与入射光点位置间的关系。在图 4.2(a) 中，从电流的相位变化可知，当入射光点远离某电极时，其相位增大，而与入射光点相近的电极输出电流的相位差减小；入射光束靠近电极时，输出光电流的相位与入射光点位置的线性度更高，而当光束远离电极时，线性度减小。但在图 4.2(b) 中，对应电极输出电流的相位差与光点位置间有很好的线性关系。

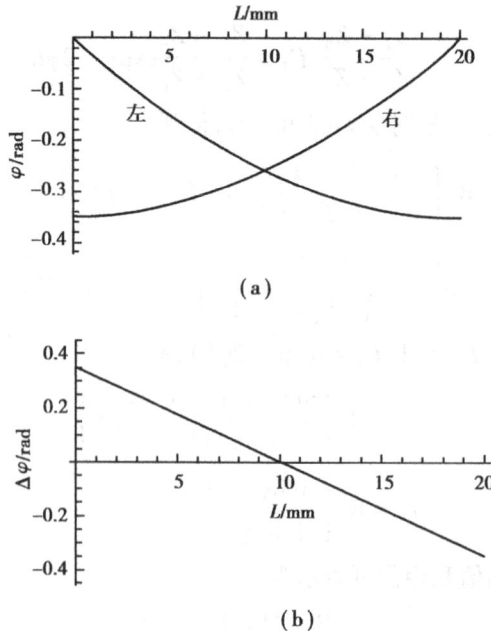

(a)

(b)

图 4.2　左右电极输出电流的相位和相位差

另外，从式(4.23)和式(4.24)可发现，输出光电流信号的相位还与光源的调制频率有关。图 4.3 画出了光源的调制频率为 20 kHz，40 kHz，60 kHz 和 80 kHz 时，左右电极输出光电流的

相位差。随着调制频率 ω 的增大,相位差近似成正比增大;同时,调制频率增大时,相位差曲线的斜率增大,有助于提高测量的灵敏度,但其线性度略有减小。由于不同调制频率的光源,激发的光电流有不同的频率和相位差,故单片 PSD 上,可利用相位法实现不同调制频率的多光束同时测量。

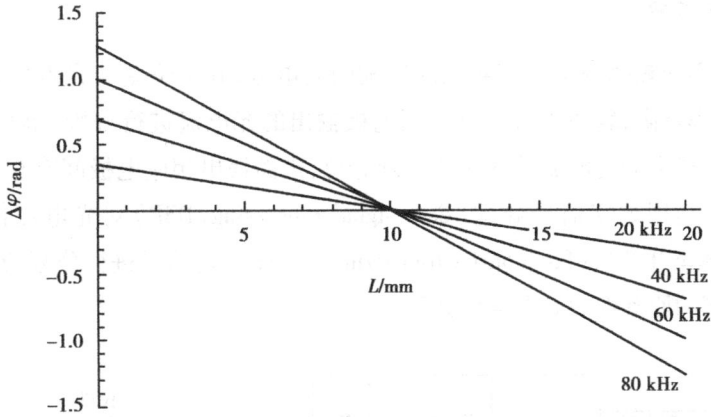

图 4.3　不同调制频率时的相位差

利用幅值法测量时,由于 PSD 的面电阻不均匀分布将影响位置测量精度。那么,面电阻不均匀分布对相位的影响又如何呢? 通过数值分析,得到面电阻的误差 ΔR_s 在 0~2 000 Ω 时的相位差如图 4.4 所示。从图中可以看出,面电阻的不均匀性对相位差的影响很小。

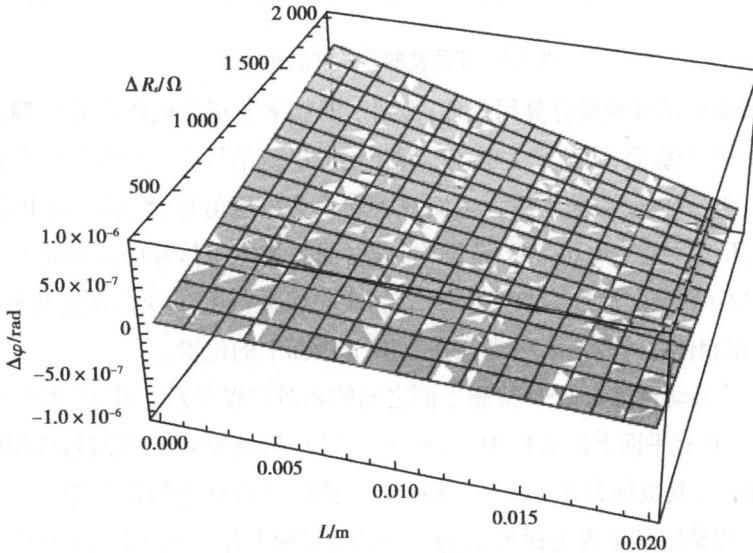

图 4.4　面电阻不均匀对相位差的影响

4.2 相位法多光束检测

4.2.1 测试方案

如前所述,不同频率调制的信号光源激励的光电流,其相位差与光点位置有较强的线性关系,且调制频率越高,斜率越大。对不同电极输出的光电流进行分频、鉴相,即可将不同调制频率入射光束产生的光电流及其相位实现分离,进而得出相应电极间有相同调制频率的光电流的相位差。利用数字信号处理(data signal processing,DSP)对光电流信号进行数据采集[138],以快速傅里叶变换(fast Fourier transformation,FFT)对信号进行分频、鉴相,并计算相位差。多光束检测的原理框图如图 4.5 所示。

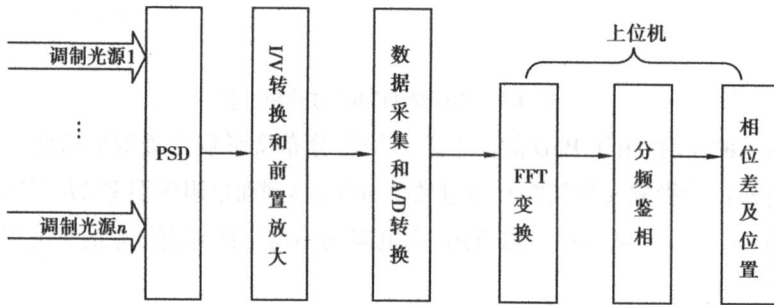

图 4.5 相位差的多光束位置检测

信号发生器输出信号经频分复用处理,得到不同频率的正弦调制信号以调制 LED 光源。调制光束照射 PSD 光敏面,激励光生电流。输出的光电流信号为包含多个频率成分的正弦复合信号,经电流/电压转换,由前置放大电路放大转换为电压信号,然后经过电压提升和低通滤波电路,将电压信号提升到 0~3 V 范围内,同时滤除掉电压信号中的高频成分;由 DSP 进行数据采集和 A/D 转换之后成为数字信号,传入上位机进行 FFT 变换得到频谱信息,实现分频和鉴相,并根据相位差计算各入射光束在 PSD 光敏面上的位置。

图 4.6 给出了移动目标与 PSD 检测平面之间的相对位置关系。其中 LED 为固定在移动目标上的光源,在目标平面上的坐标为 $S'(x', y')$,LED 经透镜聚光后照射到检测平面,即二维 PSD 的光敏面上,其坐标为 $S(x, y)$。LED 光点照射到 PSD 光敏面上激发光电流,利用幅值法或相位法可以确定其位置坐标 $S(x, y)$。当移动目标上有 3 个受不同正弦信号调制的 LED 光源时,且 3 个 LED 光源具有相对确定的位置关系,比如 3 个光点构成直角三角形或正三角形,利用 PSD 相位法定位检测,就能得到不同频率调制的光点在 PSD 光敏面上的位置坐标。在检测平面(PSD 光敏面)上分别得出 3 个光点的位置,通过坐标转换,进而得出光点在目标平面上的位置。同样地,当确定出移动目标的 3 个光点在 PSD 光敏面上两个不同时刻的位置坐标,通

过位置坐标间的关系及坐标转换,得到移动目标在目标平面上的位置坐标以及旋转变化。

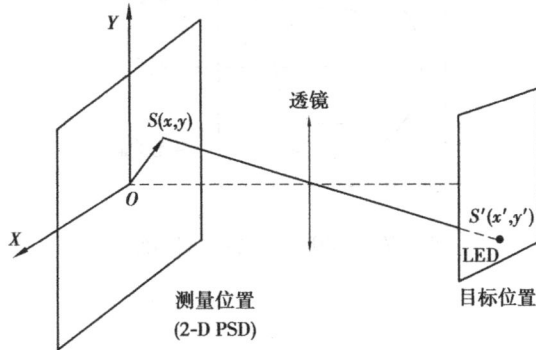

图 4.6　目标位置与 PSD 测量位置的关系

PSD 多光束位置检测系统主要用到以下器件:PSD、LED 光源、LED 驱动电路、放大器、用于采集模拟信号的 ADC、DSP 以及其他相关设备。

4.2.2　PSD 器件

电子 44 所生产一维 PSD 器件(GD3191Z 型)和日本滨松公司生产的 S1300 型二维 PSD,其峰值回应光谱在近红外区,峰值回应波长 940 nm。相应的主要技术指标如表 4.1 所示。

表 4.1　PSD 主要技术指标

型　号	一维 PSD(GD3191Z)	二维 PSD(S1300)
有效感光面/mm	2×20	13×13
感光波长范围/nm	350~1 100	320~1 100
位置检测误差(max)(μm)	±80	±150
位置分辨率/μm	5	6
最大暗电流(VR=10 V)(nA)	150	2 000
最大反偏电压(V)	20	20
应答速度(VR=10 V)(μs)	0.5	0.8
结电容(VR=10 V)(pF)	100	250
最大光电流(VR=10 V)(mA)	0.8	0.5
回应度(λ=900 nm)(A/W)	0.5	0.55

二维 PSD 按照检测误差的不同将光敏面分为 AB 区域。图 4.7 表示了 S1300 型 PSD 的 AB 区域。其中一个区域位于 PSD 的中心区域,直径为 5 mm,位置检测误差为±150 μm,称为 A 区;另一个区域是位于 A 区外面的圆环,圆环厚度为 5 mm,位置检测误差为±250 μm,称为 B 区[61-62]。

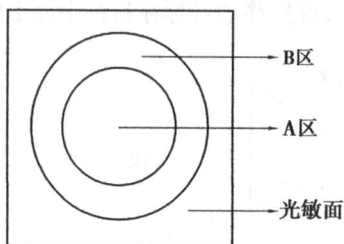

图 4.7　S1300 A、B 区域的划分

4.2.3　光源

通常,PSD 灵敏度的峰值波长为近红外光,这为我们选择光源提供了理论基础。为了提高 PSD 器件的灵敏度,在选择光源时最好选用近红外光。但同时考虑到,人的眼睛无法直接观察到红外光,如果选用红外光作为系统的光源,在对光源进行聚焦和做检测实验时将非常不方便。经过综合考虑,采用波长为 700 nm 的 LED 红光作为检测系统的光源,LED 红光主要有以下特点[6]:

①LED 灯的工作电压较低,耗电少;

②LED 灯的亮度易于调节,可以方便地用正弦信号调制 LED 灯;

③LED 灯的发光效率高,且易与集成电路配套使用。

同时,由于 LED 存在结电容,在选择 LED 光源时需要考虑其工作频率,LED 响应时间的最大值为 10^{-6},而调制信号的最高频率为 80 kHz,所以选择 LED 作为光源能够满足测量系统的要求。

根据以上叙述可知,需要用正弦信号调制 LED 光源,同时 LED 光源的工作电压应该设为 1.5~5.0 V,本课题要求是多光束位置同步检测,需要同时点亮多个 LED 灯,所以说光源驱动设备必须同时产生多路信号。综合考虑,选用 AWG2005 型信号发生器作为调制 LED 光源,该信号发生器能够同时输出三路信号,信号的频率、幅值可人为调节,AWG2005 输出的信号波形如图 4.8 所示。

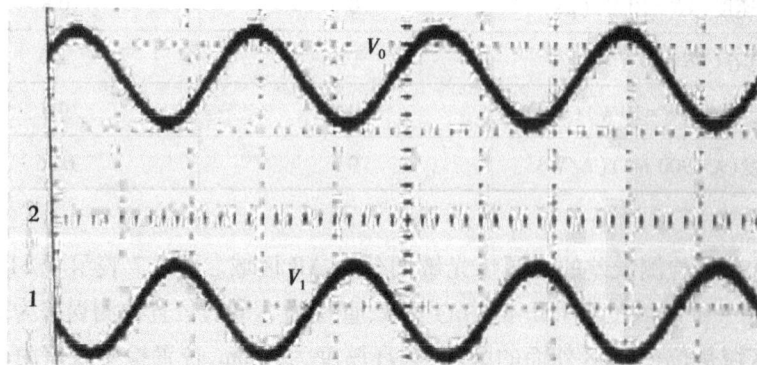

图 4.8　LED 调制信号波形

4.2.4　放大电路

前置放大电路主要作用是将 PSD 输出的光电流转换成电压信号,同时提升电压信号的幅值,增强信号的驱动能力。另外,由于 PSD 输出光电流信号含有噪声,且电路自身也会产生噪声,而且,PSD 接受到的光照除了入射光源以外,还包括环境光激发的噪声电流。因此,前置放大电路需要有很好的抑制噪声能力,提高信噪比。

前置放大电路由两级构成,第一级选用精密运放 OPA37,与位置敏感探测器具有良好的匹配性能;第二级放大选用 CA3140,并搭配精密电阻、电容来构成前置放大电路,最终输出电压幅值为±3 V。放大后的电压信号经低通滤波后进入 DSP 处理。

4.2.5　A/D 转换器及数字信号处理器(DSP)

为了实现位置检测的自动化处理,需要将前端信号处理与上位机连接起来,同时,也需要将前端的模拟信号转换为数字信号,因而采用 A/D 转换器进行模拟/数字信号转换。经 A/D 转换后得到的数字信号再进入数字信号处理系统 DSP 中作下一步运算处理。

对 A/D 转换器而言,转换精度和采样频率是两个很重要的特性参数。由于前端的前置放大电路输出信号电压幅值为±3 V,即 A/D 转换器的输入电压范围为−3~3 V。如果采用 12 位 A/D 转换器,能分辨的最小电压值为 $6/2^{12}$ V = 1.5 mV。PSD 的光敏面线度为13 mm,最小分辨率6 μm,信号处理器输出电压范围−3~3 V。因而电压变化 0.5 V,相当于光点在光敏面上的位移约为1 mm。从理论上说,1.5 mV 对应可判断的最小位移量为 3 μm,已经远小于 PSD 的最小分辨率。

在实验中,A/D 转换器所采集的信号频率最大为 80 kHz,利用 PSD 相位法位置检测时,需要对两路信号进行分频、鉴相处理,因此要求对两路信号进行同步锁存,故要求 A/D 转换器有多个采样保持器,至少有两个锁存器。在进行位置检测时,数字信号处理 DSP 的主要作用是对采集的信号作 FFT 变换,并提取相位信息。根据实际要求,DSP 器件选用 TI 公司的 TMS320F2812,其功能框图如图 4.9 所示。

4.2.6　LCD 终端显示

在检测系统中,除了要将测试结果保存到 PC 机中外,如果能将检测结果通过 LCD 液晶屏实时显示出来更为方便。位置检测过程中,需要 LCD 显示入射到 PSD 光敏面上每个光点的相位差或位置坐标的数值结果。在该系统中,选用 1602 字符型 LCD 显示屏,共可显示两行,每行显示 16 个字符。LCD 液晶显示屏与 DSP 连接。在 DSP 中通过控制指令将数据传送到 LCD 终端显示器。

4.2.7　软件系统

利用单片 PSD 实现移动目标进行位置检测时,是基于相位法的多光束检测原理。在检测过程中,为了实现信号处理的数字化、信息获取的实时化,将模拟信号采集到 DSP 中实现 A/D

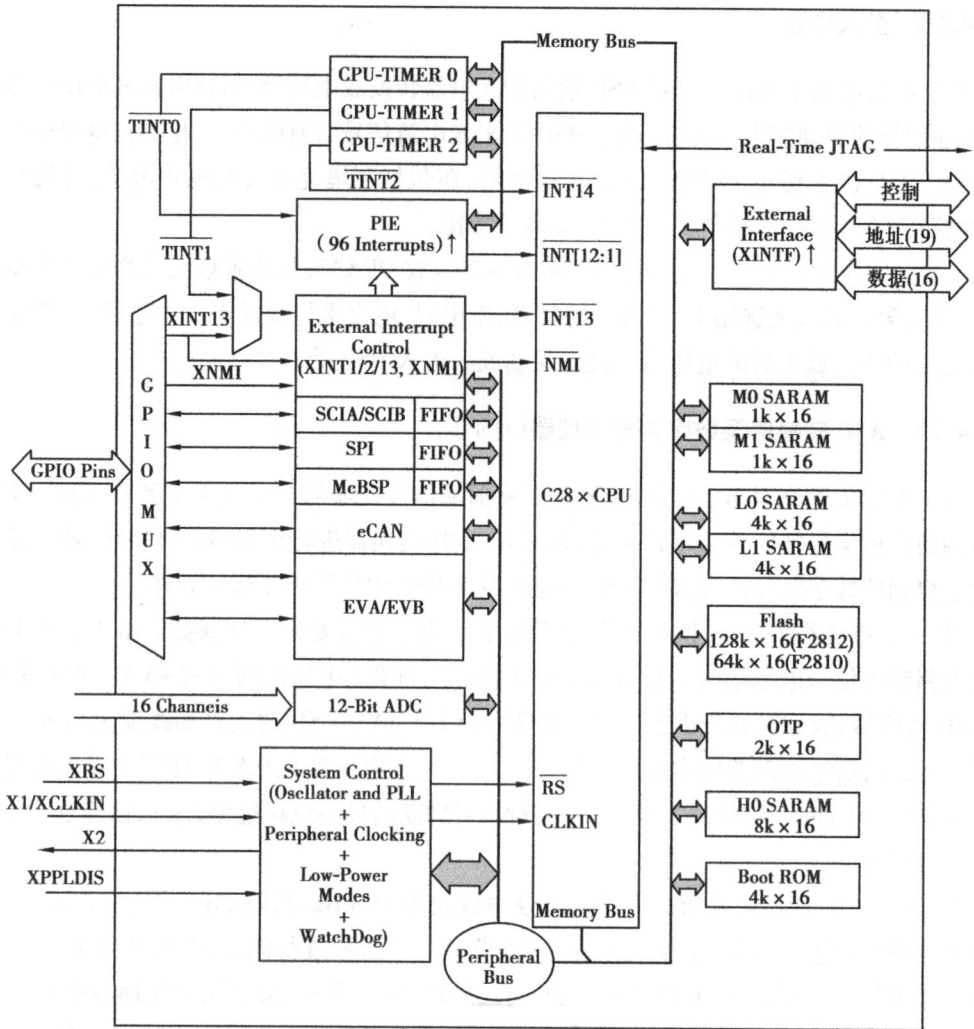

图 4.9　TMS320F2812 功能框图

转换,再进行 FFT 变换,然后进行分频、鉴相,计算相位差及位置坐标,并在终端显示结果。通过 DSP 与 PC 机的接口,终端显示结果也可传入 PC 机保存,便于作数据分析。

　　这一系列功能的实现需要通过程序的协调来完成。主要包括一个主函数程序和多个子函数程序。主函数程序通过控制指令调用子函数程序分别实现如下功能:

　　1.对 DSP 进行初始化。包括对各寄存器、堆栈指令以及外设接口初始化。

　　2.A/D 转换。对同时锁存的两路模拟信号进行离散,对每路信号作 1024 点采集数据,并保存到缓冲寄存区。

　　3.对缓存区内的离散序列进行 FFT 变换,将信号从时域转换到频域。

　　4.根据变换后的频谱计算相位、相位差以及位置坐标,显示和保存数据。相应的流程图如图 4.10 所示。

相应的主函数和调用子函数如下:

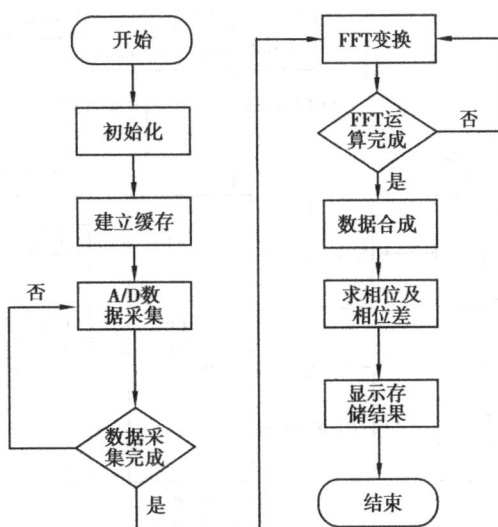

图 4.10　系统流程图

```
void main(void)
    {
    InitSysCtrl();          //初始化系统函数
    InitPieCtrl();          //初始化 PIE 控制寄存器
    InitPieVectTable();     //初始化 PIE 中断向量表
    InitPeripherals();      //初始化 EV 和 AD 模块
    appre();                //全相位数据预处理
    fft();                  //FFT 运算
    phase_diff();           //相位差求解
    display();              //结果显示
    }
```

(1)数据采集

在利用 PSD 进行位置坐标检测时,每个方向的坐标确定需要两路电压信号。因此,采集电压信号时,对一维 PSD,只需要采集两路电压信号,而对于二维 PSD,需要采集四路电压信号。故对同方向上的电压信号采用保持器进行同步锁存。TMS320F2812 在对两路电压信号进行模数转换时,可以用并行采样模式。其模数转换时的原理如图 4.11 所示。x 方向的同路信号分别接到 ADCINA0 和 ADCINB0 埠,y 方向的同路信号分别接到 ADCINA1 和 ADCINB1 埠。

A/D 转换和数据采集的流程如图 4.12 所示。

实验中,调制光源的最高调制频率 80 kHz,当 A/D 采样频率为 5 MHz 时,满足奈奎斯特采样定理,但也存在过采样的情况。采样事件管理器具体设计过程如下:

```
void InitEv(void)
```

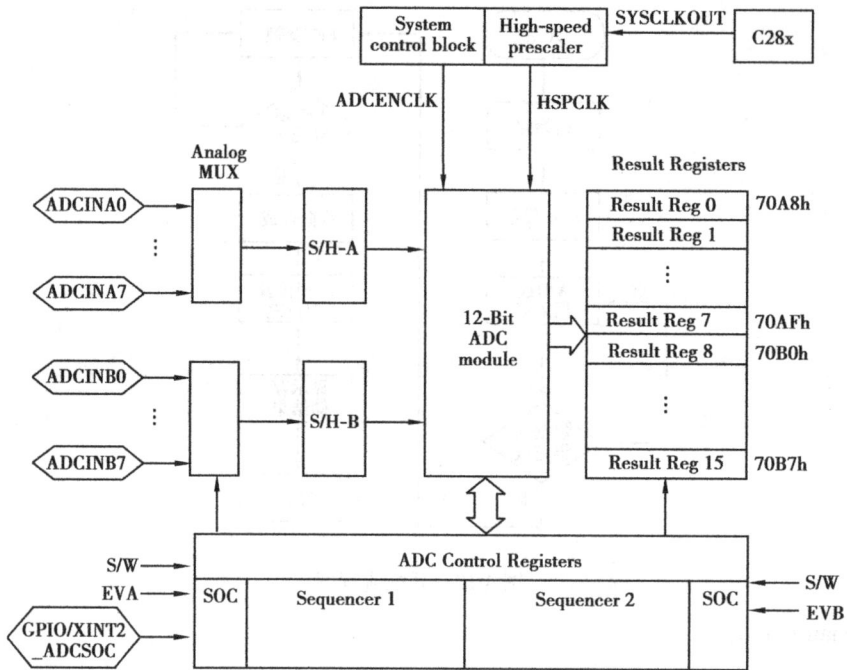

图 4.11　A/D 转换结构图

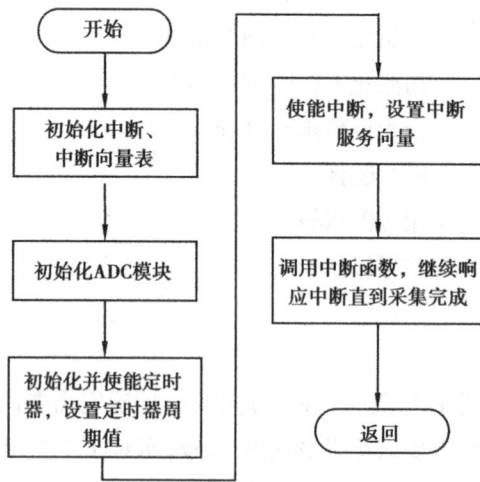

图 4.12　数据采集流程图

```
{
EvaRegs.T1CON.bit.TMODE = 2 ;        //计数模式为连续增计数
EvaRegs.T1CON.bit.TPS = 1 ;          //T1CLK = HSPCLK/2 = 37.5 MHz
EvaRegs.T1CON.bit.TENABLE = 0 ;      //暂时禁止 T1 计数
EvaRegs.T1CON.bit.TCLKS10 = 0 ;      //使用内部时钟
EvaRegs.GPTCONA.bit.T1TOADC = 2 ;    //周期中断启动 A/D
```

```
EvaRegs.EVAIMRA.bit.T1PINT = 1;        //使能定时器 T1 的周期中断
EvaRegs.EVAIFRA.bit.T1PINT = 1;        //清除定时器 T1 的周期中断标志位
EvaRegs.T1PR = 0x4A;                    //周期为 0.2 μs
EvaRegs.T1CNT = 0;                      //初始化计数器寄存器
}
```

A/D 的位数为 12 位,而 TMS320F2812 内存的位数为 16 位,而内存的数据是以左对齐的方式存储的,所以说读取 A/D 结果寄存器中的数据时,先要将数据右移四位,具体操作方式如下:

```
Void Read_ADcheck(void)
{
Adcresult1[i] = (AdcRegs.ADCRESULT0≫4);
Adcresult2[i] = (AdcRegs.ADCRESULT1≫4);
Adcresult3[i] = (AdcRegs.ADCRESULT8≫4);
Adcresult4[i] = (AdcRegs.ADCRESULT9≫4);
}
```

其中 i 为全局型变量,A/D 每次采集完成之后就会调用一次数据读取函数,将 A/D 采集的数据保存到数据存储器,直到采集完成四组数据。

（2）**鉴相原理及程序**

利用相位法进行定位测量时,首先将信号从时域变换到频域,需对各频谱分量做全相位 FFT 变换。所谓全相位 FFT 变换,是指对采样序列进行全相位预处理,使波形的连续性得到极大的改善,抑制 FFT 的频谱泄漏,其原理框图如图 4.13 所示。传统的 FFT 只需采样 N 个点,而全相位 FFT 需要采样 $2N-1$ 个点。

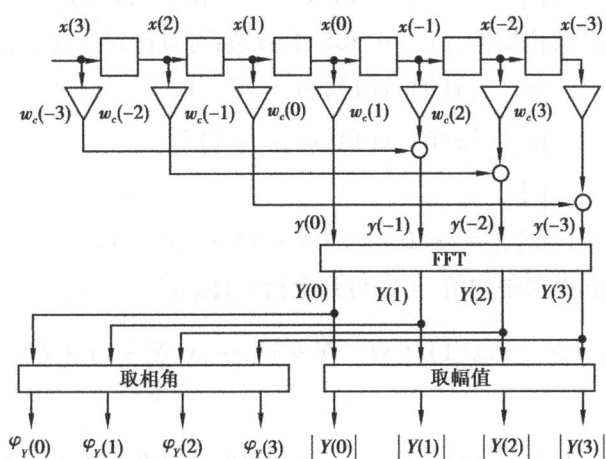

图 4.13　N 阶全相位 FFT 谱分析基本框图（$N=4$）

单频正弦信号表示为：

$$x(n) = \sin\left(\frac{2\pi fn}{f_s} + \varphi_0\right) = \frac{e^{j\left(\frac{2\pi fn}{f_s} + \varphi_0\right)} - e^{-j\left(\frac{2\pi fn}{f_s} + \varphi_0\right)}}{2j} \tag{4.26}$$

其中 f 表示信号的频率，f_s 表示采样率，则序列 $x(n)$ 的 FFT 频谱可以表示为：

$$
\begin{aligned}
x(k) &= \sum_{n=0}^{N-1} \frac{e^{j\varphi_0}}{2j}\left[e^{j\left(\frac{2\pi fn}{f_s}\right)} - e^{-j\left(\frac{2\pi fn}{f_s}\right)}\right]e^{-j\frac{2\pi kn}{N}} = \frac{e^{j\varphi_0}}{2j}\sum_{n=0}^{N-1}\left[e^{j2\pi n\left(\frac{f}{f_s}-\frac{k}{N}\right)} - e^{-j2\pi n\left(\frac{f}{f_s}+\frac{k}{N}\right)}\right] \\
&= \frac{e^{j\varphi_0}}{2j}\frac{1-e^{j2\pi N\left(\frac{f}{f_s}-\frac{k}{N}\right)}}{1-e^{j2\pi\left(\frac{f}{f_s}-\frac{k}{N}\right)}} - \frac{e^{j\varphi_0}}{2j}\frac{1-e^{-j2\pi N\left(\frac{f}{f_s}+\frac{k}{N}\right)}}{1-e^{-j2\pi\left(\frac{f}{f_s}+\frac{k}{N}\right)}} \\
&= \frac{e^{j\varphi_0}}{2j}\frac{e^{-j\pi N\left(\frac{f}{f_s}-\frac{k}{N}\right)} - e^{j\pi N\left(\frac{f}{f_s}-\frac{k}{N}\right)}}{e^{-j\pi\left(\frac{f}{f_s}-\frac{k}{N}\right)} - e^{j\pi\left(\frac{f}{f_s}-\frac{k}{N}\right)}}\cdot\frac{e^{j\pi N\left(\frac{f}{f_s}-\frac{k}{N}\right)}}{e^{j\pi\left(\frac{f}{f_s}-\frac{k}{N}\right)}} - \frac{e^{j\varphi_0}}{2j}\frac{e^{-j\pi N\left(\frac{f}{f_s}+\frac{k}{N}\right)} - e^{j\pi N\left(\frac{f}{f_s}+\frac{k}{N}\right)}}{e^{-j\pi\left(\frac{f}{f_s}+\frac{k}{N}\right)} - e^{j\pi\left(\frac{f}{f_s}+\frac{k}{N}\right)}}\cdot\frac{e^{j\pi N\left(\frac{f}{f_s}+\frac{k}{N}\right)}}{e^{j\pi\left(\frac{f}{f_s}+\frac{k}{N}\right)}} \\
&= \frac{1}{N}\cdot\frac{\sin\left[\pi\left(\frac{f}{f_s}-\frac{k}{N}\right)\right]}{\sin\left[\frac{\pi\left(\frac{f}{f_s}-\frac{k}{N}\right)}{N}\right]}\cdot e^{j\left[\varphi_0+\frac{N-1}{N}\left(\frac{f}{f_s}-\frac{k}{N}\right)\pi\right]} \quad k=0,1,\cdots,N-1
\end{aligned}
\tag{4.27}
$$

下面将从理论上分析全相位 FFT 的原理。对于时间序列中的 $x(0)$ 点，存在 N 个包含 $x(0)$ 点的 N 维向量。

$$
\begin{cases}
x_0 = [x(0),x(1),\cdots,x(N-1)]^{\mathrm{T}} \\
x_1 = [x(-1),x(0),\cdots,x(N-2)]^{\mathrm{T}} \\
\vdots \\
x_{N-1} = [x(-N+1),x(-N+2),\cdots,x(0)]^{\mathrm{T}}
\end{cases}
\tag{4.28}
$$

将每一个向量执行循环移位操作，将 $x(0)$ 移动到首位，可以得到新的 N 维向量组：

$$
\begin{cases}
x_0' = [x(0),x(1),\cdots,x(N-1)]^{\mathrm{T}} \\
x_1' = [x(0),x(1),\cdots,x(-1)]^{\mathrm{T}} \\
\vdots \\
x_{N-1}' = [x(0),x(-N+1),\cdots,x(-1)]^{\mathrm{T}}
\end{cases}
\tag{4.29}
$$

对向量组执行相加操作并取平均值，可以得到全相位数据：

$$x_{ap} = \frac{1}{N}\left[Nx(0),(N-1)x(1)+x(-N+1),\cdots,x(N-1)+(N-1)x(-1)\right]^{\mathrm{T}} \tag{4.30}$$

假设式（4.29）中的 $x_{i(n)}'$ 和式（4.28）中的 $x_i(n)$ 的傅里叶变换分别为 $X_{i(k)}'$ 和 $X_i(k)$，由傅里叶变换的性质可知：

$$X_i'(k) = X_i(k)e^{j\frac{2\pi}{N}ik} \quad i,k=0,1,\cdots,N-1 \tag{4.31}$$

对式（4.31）的 $X_i'(k)$ 执行求和平均，则得到的全相位 FFT 为：

$$X_{ap}(k) = \sum_{i=0}^{N-1} X_i'(k) = \sum_{i=0}^{N-1} X_i(k) e^{j\frac{2\pi}{N}ki} = \frac{1}{N} \sum_{i=0}^{N-1} \sum_{n=0}^{N-1} x(n-i) e^{-j\frac{2\pi}{N}kn} e^{j\frac{2\pi ki}{N}}$$

$$= \frac{1}{2jN} \sum_{i=0}^{N-1} \sum_{n=0}^{N-1} \left[e^{j\left(\frac{2\pi f(n-i)}{f_s}+\varphi_0\right)} - e^{-j\left(\frac{2\pi f(n-i)}{f_s}+\varphi_0\right)} \right] e^{-j\frac{2\pi}{N}kn} e^{-j\frac{2\pi ki}{N}}$$

$$= \frac{e^{j\varphi_0}}{2jN} \sum_{i=0}^{N-1} \sum_{n=0}^{N-1} e^{j\left[2\pi n\left(\frac{f}{f_s}-\frac{k}{N}\right)\right]} e^{-j\left[2\pi i\left(\frac{f}{f_s}-\frac{k}{N}\right)\right]} - e^{-j\left[2\pi n\left(\frac{f}{f_s}+\frac{k}{N}\right)\right]} e^{j\left[2\pi i\left(\frac{f}{f_s}+\frac{k}{N}\right)\right]}$$

$$= \frac{e^{j\varphi_0}}{2jN} \cdot \frac{\sin^2\left[\pi\left(\dfrac{f}{f_s}-\dfrac{k}{N}\right)\right]}{\sin^2\left[\dfrac{\pi\left(\dfrac{f}{f_s}-\dfrac{k}{N}\right)}{N}\right]} - \frac{e^{j\varphi_0}}{2jN} \cdot \frac{\sin^2\left[\pi\left(\dfrac{f}{f_s}+\dfrac{k}{N}\right)\right]}{\sin^2\left[\dfrac{\pi\left(\dfrac{f}{f_s}+\dfrac{k}{N}\right)}{N}\right]} \qquad (4.32)$$

从式(4.27)和式(4.32)还可以看出,$X_i(k)$ 的相位值与频率偏离值相关,只有在 $\beta=k$ 的情况下测得的相位值才准确;而 $X_{ap}(k)$ 的相位值与频率偏离值无关,在任何谱线处测得相位都正确,所以说全相位 FFT 能精准地测量相位。

同时,从式(4.27)和式(4.32)还可以看出,当 $f/f_s - k/N = 0$,$X_{ap}(k)$ 取最大值。采用全相位 FFT 频谱变换分频和鉴相,实现 PSD 对应电极输出电流信号的相位检测。电流信号经前置处理后,由 DSP 进行数据采集,在 PC 机中经全相位 FFT 变换后的信号如图 4.14 所示。从图上可以看出,两电极输出的电流信号间有明显的相位差。

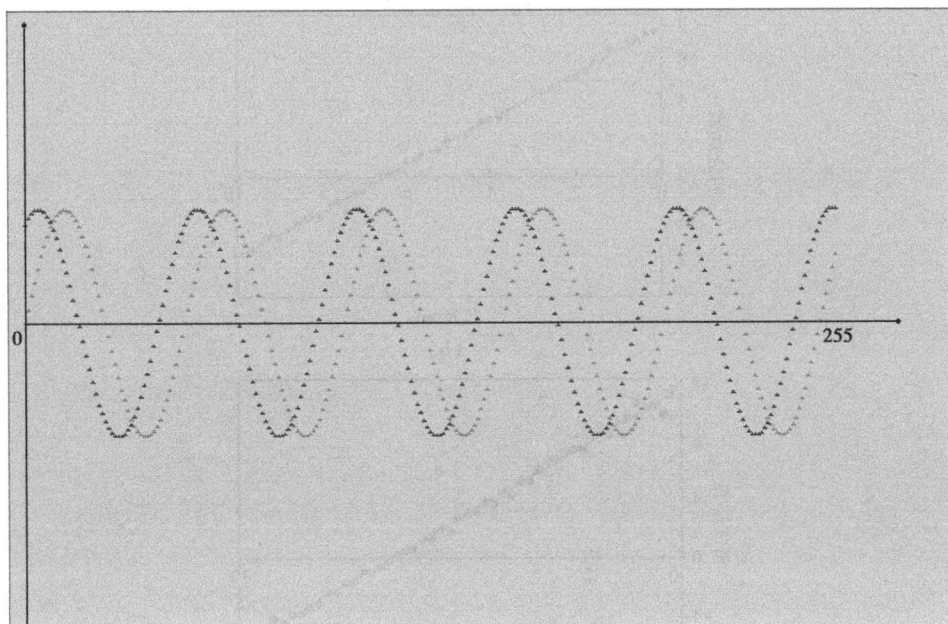

图 4.14 全相位 FFT 变换后的信号

4.3 PSD 相位法实验测试

4.3.1 一维 PSD 标定实验

实验测试之前,需先对一维 PSD 进行标定,以确定一维 PSD 上测量相位差与入射光点的位置间的线性关系。在标定中,分别用频率为 20 kHz、60 kHz 和 80 kHz 的正弦信号调制 LED 光源,分别进行标定实验。由于 PSD 存在边缘效应,在做实验时选取 PSD 中间的中央区域 10 mm 的范围测试,每次步进的长度是 0.2 mm,行程和返程方向各测一次,取两次测量的平均值作为最终结果,得到不同调制频率的光源的相位差-位置曲线如图 4.15 所示。

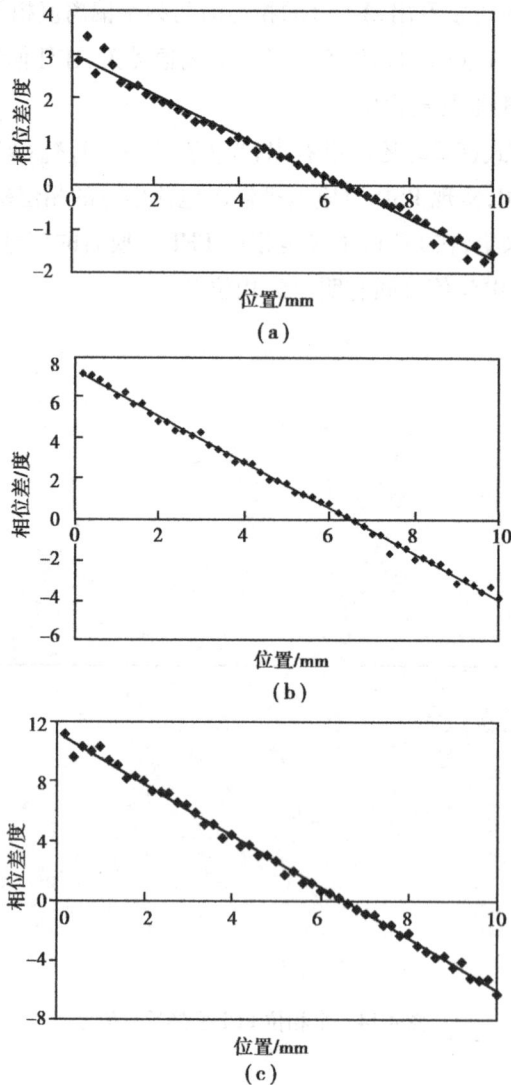

图 4.15 不同调制频率光源的标定

从图中可以看出,PSD 输出电流信号的相位差与光点的位置存在着明显的线性关系,与理论推导的结果相符合,对实验结果用最小二乘法拟合,便得到:

$$y_{20k} = -0.469x + 3.021$$
$$y_{60k} = -1.126x + 7.306 \qquad (4.33)$$
$$y_{80k} = -1.719x + 11.215$$

从上述拟直线结果可以看出,调制信号的频率不同,PSD 的转换灵敏度也不同,在调制频率允许的范围内,调制信号的频率越高,PSD 的转换灵敏度也越高。

4.3.2　二维 PSD 多光束标定实验

由日本滨松公司生产的 S1300 双面分流型二维 PSD,其光敏区域是边长为 13 mm 的正方形。在 $10 \times 10 \ \mathrm{mm}^2$ 的范围内,以 20 kHz、40 kHz 和 80 kHz 的调制频率驱动 LED 光源,将经过调制的三束 LED 汇聚光同时照射到 PSD 上,分别进行 X 方向和 Y 方向的系统标定实验。

在对 X 方向进行检测实验时,Y 方向的坐标值不变,考虑到 PSD 的边缘效应,使 Y 方向的值为 0,每一次步进的长度是 0.2 mm,去程和返程方向各测一次,取两次测量的平均值作为最终结果,得到的相位差-位置曲线如图 4.16 所示。对实验结果用最小二乘法拟合得到:

$$y_{20k} = -0.462x - 0.077$$
$$y_{60k} = -1.152x + 0.891 \qquad (4.34)$$
$$y_{80k} = -1.853x + 1.741$$

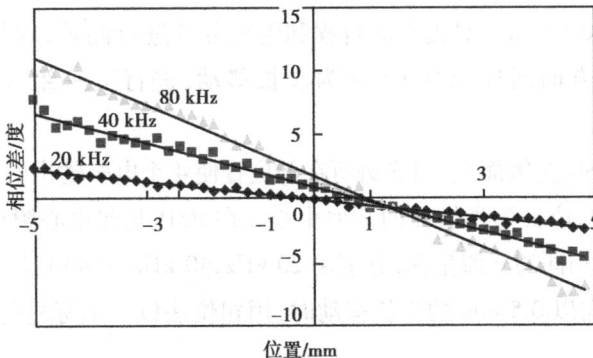

图 4.16　二维 PSD X 方向不同调制频率光源的标定

在对 Y 方向进行检测实验时,使 X 方向的坐标值为 0,每一次步进的长度是 0.2 mm,去程和返程方向各测一次,取两次测量的平均值作为最终结果,得到的相位差-位置曲线如图 4.17 所示。对实验结果用最小二乘法拟合得到:

$$y_{20k} = -0.446x - 0.038$$
$$y_{60k} = -1.147x + 0.933 \qquad (4.35)$$
$$y_{80k} = -1.805x + 1.832$$

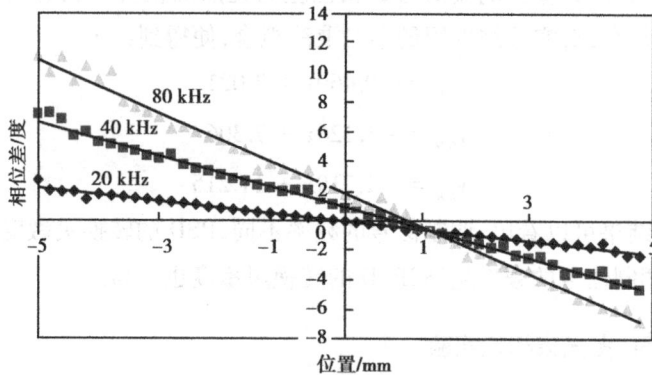

图 4.17　二维 PSD Y 方向不同调制频率光源的标定

从二维 PSD 的位置-相位差曲线图可以看出,与一维 PSD 类似,PSD 面上光点的位置与 PSD 输出信号的相位差有着明显的线性关系,PSD 的转换灵敏度随着调制信号频率的增加而增加。

4.3.3　二维 PSD 多光束检测

在二维 PSD S1300 上进行相位法的多光束位置检测。分别用 20 kHz,40 kHz 和 80 kHz 的正弦信号对 LED 光源进行调制,光源经透镜聚焦后照射到 PSD 光敏面上。PSD 器件固定在多自由度微动平台上,在 X、Y 方向可以通过微调手轮作位移微调,带动 PSD 移动,从而改变光点在光敏面上的坐标。微调手轮读数机构为千分尺,最小可移动位移为 10 μm。为了便于测试,实验中,当 Y 方向的每次测试取定一个值时,光点在光敏面的 X 方向上从左到右移动,移动步长为 0.5 mm。对光点的行程和返程分别进行测量,取其平均值作为最终测量结果。然后,在 Y 方向同样以 0.5 mm 为步长移动,进行下一组 X 方向的移动和位置测量。

光点照射二维 PSD 光敏面上,当光斑所在的位置使 4 个电极输出的光电流或光电流的相位相同时,光斑所在的位置为光敏面的几何中心。在 PSD 几何中心附近固定 Y 方向坐标,y 坐标可为任意值。对相同的 y 值坐标,分别用 20 kHz,40 kHz 和 80 kHz 正弦信号调制的 LED 光源,当光斑在 X 方向以 0.5 mm 的步长移动时,用相位法以 x 坐标进行检测,实验结果如表 4.2 所示。

表 4.2　不同频率调制光源测试结果

实际位置/mm	测得相位差/(°)			测得位置/mm			误差绝对值/mm		
	20k	40k	80k	20k	40k	80k	20k	40k	80k
−5	2.269	6.559	11.156	−5.078	−4.921	−5.096	0.078	0.079	0.096
−4.5	2.039	6.170	9.882	−4.581	−4.583	−4.408	0.081	0.083	0.092
−4	1.737	5.411	8.972	−3.927	−3.924	−3.917	0.073	0.076	0.083

实际位置/mm	测得相位差/(°)			测得位置/mm			误差绝对值/mm		
	20k	40k	80k	20k	40k	80k	20k	40k	80k
−3.5	1.51	4.996	8.358	−3.436	−3.564	−3.586	0.064	0.064	0.086
−3	1.339	4.276	7.139	−3.066	−2.939	−2.928	0.066	0.061	0.072
−2.5	1.053	3.830	6.226	−2.446	−2.552	−2.435	0.054	0.052	0.065
−2	0.868	3.13	5.516	−2.046	−1.944	−2.052	0.046	0.056	0.052
−1.5	0.593	2.668	4.413	−1.452	−1.543	−1.457	0.048	0.043	0.043
−1	0.400	2.000	3.478	−1.034	−0.963	−0.952	0.034	0.037	0.048
−0.5	0.136	1.507	2.716	−0.463	−0.535	−0.541	0.037	0.035	0.041
0	−0.092	0.854	1.630	0.034	0.032	0.045	0.034	0.032	0.045
0.5	−0.325	0.359	0.856	0.538	0.461	0.463	0.038	0.039	0.037
1	−0.559	−0.309	−0.211	1.045	1.042	1.039	0.045	0.042	0.039
1.5	−0.75	−0.781	−1.154	1.457	1.451	1.548	0.043	0.049	0.048
2	−1.023	−1.477	−1.897	2.049	2.056	1.949	0.049	0.056	0.051
2.5	−1.205	−1.914	−3.037	2.443	2.435	2.564	0.057	0.065	0.064
3	−1.433	−2.649	−3.983	2.936	3.073	3.075	0.064	0.073	0.075
3.5	−1.96	−3.051	−4.621	4.076	3.422	3.419	0.072	0.078	0.081
4	−1.889	−3.794	−5.829	3.924	4.067	4.071	0.076	0.067	0.071
4.5	−2.188	−4.199	−6.468	4.571	4.419	4.416	0.071	0.081	0.084
5	−2.424	−4.966	−7.715	5.082	5.085	5.089	0.082	0.085	0.089

　　测量结果与相应位移的关系如图 4.18 所示。从图 4.18(a) 中可知,光源调制频率越高,相位差越大,拟合直线斜率越大,测量灵敏度越高。不同调制频率时相位测量的直线拟合方程分别为:

$$y_{20k} = -0.234x + 2.483\ 1$$
$$y_{40k} = -0.575\ 8x + 7.220\ 3 \qquad\qquad (4.36)$$
$$y_{80k} = -0.927x + 11.884$$

（a）

（b）

（c）

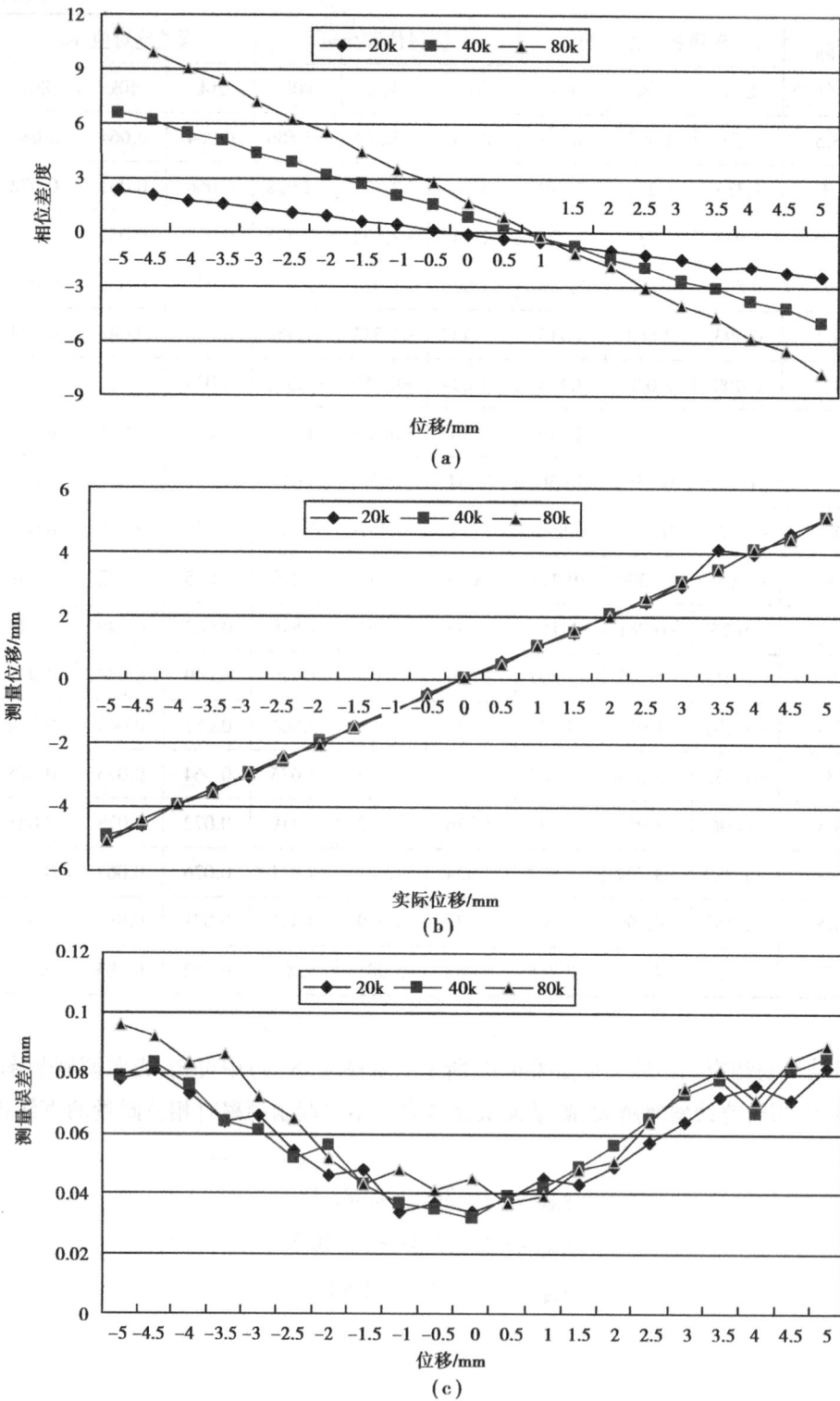

图 4.18　测量结果与位移对应关系

相应的拟合直线相关系数的平方分别为 0.998 2,0.999 6,0.999 5,说明相位差的测量结果具有很高的线性度。

不同调制频率的光源位移测量结果如图 4.18(b)所示。将位移测量结果用最小二乘法进行拟合,得到相应的拟合直线为:

$$y_{20k} = 0.506\ 6x - 5.542\ 8$$

$$y_{40k} = 0.499\ 9x - 5.495 \tag{4.37}$$

$$y_{80k} = 0.500\ 3x - 5.488\ 6$$

由式中可知,不同调制频率光源的测量结果的线性系数很接近,这说明测量结果具有很好的重复性。各测量拟合直线的相关系数的平方分别为 0.998 2,0.999 6,0.999 5。

图 4.18(c)所示为位移测量结果与实际位置间的误差。从图中可知,在中心位置时测量误差最小,在边缘处测量误差最大,因此在二维 PSD 面上测量时,将产生枕形误差;最大测量误差小于 0.1 mm,最小测量误差仅为 0.03 mm。在测试过程中 3 个光源同步扫描,不同光源对应的 Y 方向坐标不同,3 个光源依次排列,20 kHz 光源靠近 PSD 的几何中心,80 kHz 的调制光源最靠外,对应的 Y 方向坐标值最大,因而出现其测量误差较大。

4.3.4　二维 PSD 相位法检测

在前述基础上,当一定调制频率的光源入射到二维 PSD 的光敏面上后,利用相位法对光点的实际位置进行测量。为反映测量结果与实际位置之间的一致性,调制频率为 40 kHz 的光斑在 $y=x$ 方向上、步长为 1 mm,测试了其线性度关系,结果如图 4.19 所示。这一结果说明,检测结果与光斑实际位置重合较好,位置测量的线性度、可靠性高。

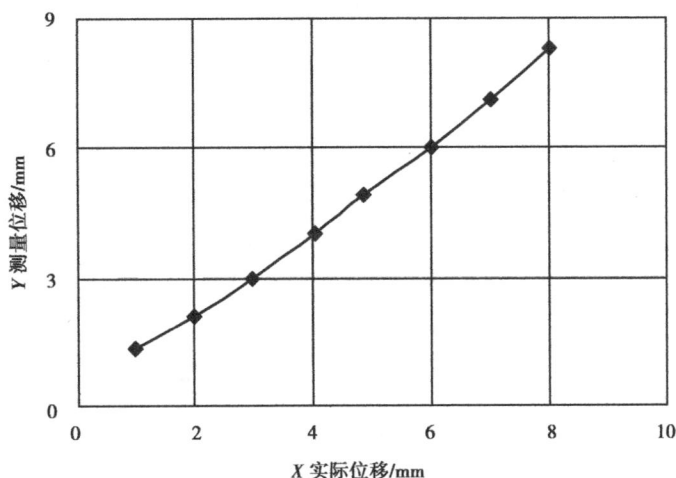

图 4.19　线性度测量

当该光束在二维 PSD 面上移动时(X 方向步长为 1 mm,Y 方向步长为 0.5 mm),在确定 Y 方向后,检测 X 方向的位置坐标。PSD 面上的光斑位置检测结果如图 4.20 所示。

从图中发现,测量结果与光斑实际位置并不重合,存在测量误差。总的来说,在光敏面的中心区域,检测位置偏离实际位置较小,误差较小,而在光敏面的边缘,检测误差偏大。

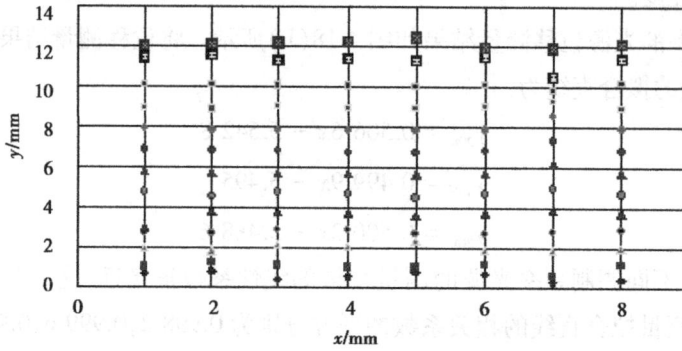

图 4.20　相位法的二维 PSD 位置检测

第 **5** 章
增强横向光电效应的机理研究

位置敏感探测器(PSD)是基于横向光电效应的光电探测器件,其性能与横向光电效应的特性直接相关。如前所述,由于 PSD 响应光谱范围很宽,故在测试时因环境光而产生噪声电流信号,从而影响输出光电流信号以及测试结果,降低定位检测精度。因此,增大输出光电流信号,抑制信号噪声,提高信噪比就显得尤为重要。

PSD 的基本结构是半导体的 PN 结。受半导体工艺的限制,PN 结面太大时使结电阻、结电容一致性变差,因而 PSD 的光敏面不能做得太大。同时,入射光激发的光电流通常为 μA 量级,且输出光电流的幅值与入射光点到电极的距离近似成反比。当入射光点靠近电极时,相对应的电极输出光电流将很小。这些问题的存在使 PSD 的有效探测光敏面积受到限制,同时也限制了测量光束的移动范围。为了保证较高的位置测量精度,通常二维 PSD 的光敏面积多小于 20 mm×20 mm。另外,环境光照射下必然使 PSD 产生噪声信号。为降低噪声信号,需要减小甚至消除环境光干扰。要实现这一目的,从光学角度出发,利用波片反射光或透射光的干涉相长,可实现增透或增反,但要实现某些频率或波长范围内的光波全部反射或透射时,单独的波片已经不能满足要求了。

针对 PSD 的输出光电流小的问题,通过增强横向光电效应的响应能有效解决该问题。那么,如何在增强横向光电效应的同时消除背景光带来的干扰呢?针对这一问题,首先从理论上深入研究实现增强横向光电效应机理,在横向光电效应增强的基础上,再考虑如何消除环境光照对 PSD 信号的影响。

5.1 检测环境对光电流的影响

在实际检测中,无论是利用幅值信息还是相位信息定位,测试过程和结果都还要受检测环境的影响。为了说明环境光对 PSD 输出信号的影响,我们在环境光较强时(白天,室内有照明光源)和在暗室中(夜间无光照时),利用示波器观察 PSD 输出的电流信号,经同一电路处理后的波形见图 5.1,其中图 5.1(a)为 40 kHz 的标准调制信号,图 5.1(b)为暗室下的输出信号,图5.1(c)为环境光下的输出信号。比较发现,在暗室下,观察到的信号波形较为平滑且幅值较小,而在环境光照下的输出信号波形幅值较暗室下大 0.6 V,且叠加有较大的噪声信号。这表明,PSD 在环境光照下,将会增大输出信号幅值和噪声。因此,针对不同的使用环境,对信号处理提出不同的要求,采用不同的信号处理方法;同时由于幅值变化,每次在不同环境下使用时都需重新进行标定。这给系统设计带来麻烦,大大增加了成本,对使用也带来了诸多不便。

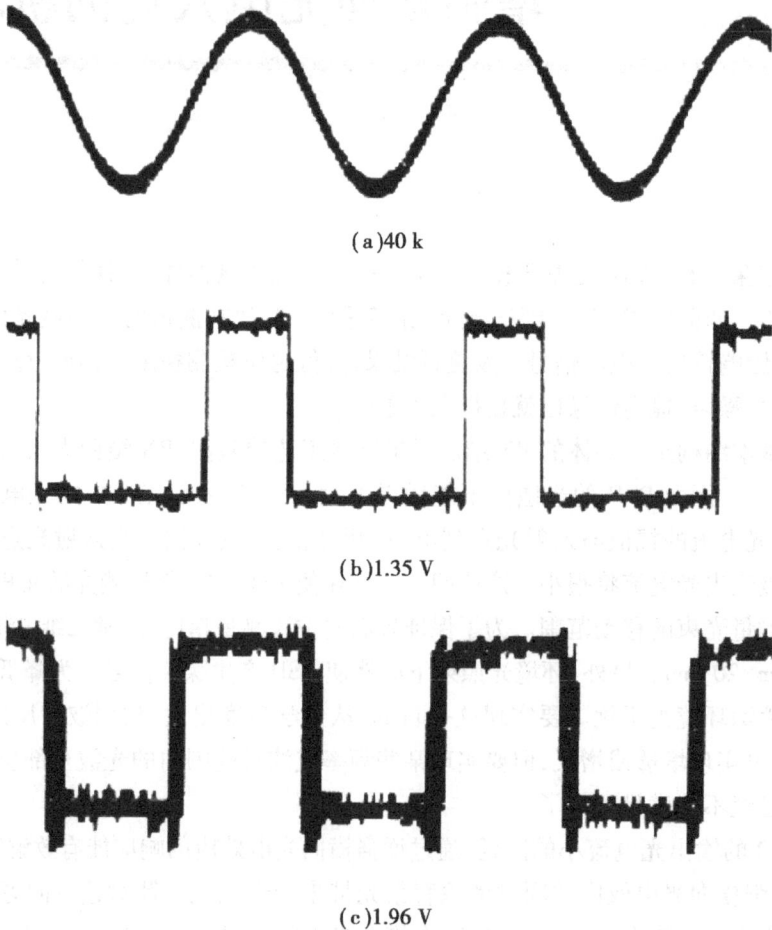

(a)40 k

(b)1.35 V

(c)1.96 V

图 5.1　不同环境下的输出信号

为了反映环境光对 PSD 输出信号的影响,我们在一维 PSD(L= 20 mm)上,对背景光照和暗室两种条件下的输出信号作了对比实验,结果如表 5.1。比较结果发现,测试光束照射在 PSD 光敏面上任意位置处,在背景光照下的输出电流幅值均大于暗室下的输出电流幅值。这表明,有效抑制背景光的影响,获得准确的幅值和相位信息,对提高测试结果精度也是非常重要的。

表 5.1 背景光照与暗室输出电压对比

位置/mm	背景光照电压/V	暗室输出电压/V	位置/mm	背景光照电压/V	暗室输出电压/V
2.5	0.256	0.205	10.5	−0.484	−0.428
3.5	0.269	0.105	11.5	−0.620	−0.520
4.5	0.123	0.021	12.5	−0.771	−0.681
5.5	0.078	−0.034	13.5	−0.827	−0.754
6.5	−0.102	−0.052	14.5	−0.952	−0.910
7.5	−0.229	−0.116	15.5	−1.081	−0.943
8.5	−0.296	−0.217	16.5	−1.225	−1.114
9.5	−0.394	−0.312	17.5	−1.362	−1.231

5.2 增强横向光电效应的研究

5.2.1 国外研究介绍

到了 20 世纪 90 年代后,关于 PSD 芯片的研究进入一个全新的时期。由于认识到半导体材料受光刻设备和制作工艺的限制,单晶硅不适合做大面积器件,而氢化非晶硅(a-Si：H)薄膜可在不同材料上生长,适合大尺寸制作,而且均匀性好,对红外透明,成本低。从而以 a-Si：H 薄膜作为 PSD 的激活介质成为研究的重点。

20 世纪 90 年代中期,葡萄牙的里斯本新大学 E.Fortunato 等人对以 a-Si：H 作为激活介质的薄膜 PSD(Thin film PSD,TFPSD)进行了深入、系统的研究,制备的实验样品,所设计的基本结构如图 5.2(a)。由于 a-Si：H 薄膜易于进行大面积加工,并且具有很好的均匀性,这对改善 PSD 的性能起到了至关重要的作用。该研究小组首次制备的一维 PSD 有效测量光敏面的线度达到 80 mm,远大于普通半导体的一维 PSD(20 mm)。在线性测试系统上利用 HeNe 激光器为光源,在多自由度微动平台上,以 10 μm 为位移步长,对线性度、空间分辨率进行了测试。同时,也对样品器件的其他特性参数进行测试,包括在不同偏置电压时的 I-V 特性,不同强度光照下的光生电流,器件的暗电流,温度对输出电流的影响,光谱响应特性和光谱灵敏度,时间响应特性,位置线性度和分辨率,并对结果作了细致分析。TFPSD 的静态和动态特性的研究结果表明,该类 PSD 的峰值响应波长在 600 nm 附近,响应速度快,有更高的位置分辨率,其非线性度小于 2%。在此基础上,E.Fortunato 等人创造性的提出了一维阵列式的 a-Si：H 薄膜PSD[29-31],由 128 片 a-Si：H 薄膜构成一维阵列,代替传统的数字式探测器,用激光三角法对目标进行三维监测。

该小组在已有的一维薄膜 PSD 的技术和理论研究基础上,尝试制备二维双面分流薄膜型PSD[32-37]。首先,建立了二维的薄膜型 PSD 的等效电路,理论分析了光电流特性:将光照二维

TFPSD 产生的光生电流当作电流源,而将其他部分等效成输出阻抗和负载阻抗。经过推导和数值求解,得出了光生电流、输出光电流的数学表达式,并分析了材料电阻率 PSD 的探测极限灵敏度、线性度和空间分辨率的影响。最后,对二维 TFPSD 进行了实验测试。所制备的二维 TFPSD 的有效面积达到 40 mm×40 mm。

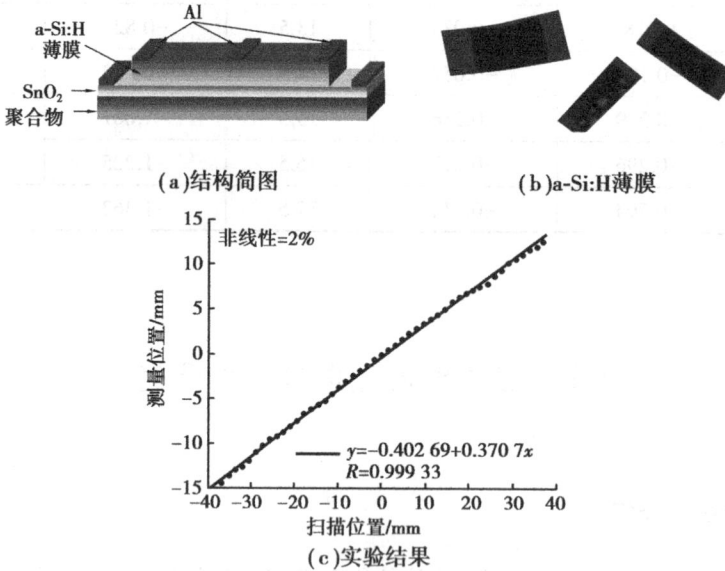

(a)结构简图　　　　　　(b)a-Si:H薄膜

(c)实验结果

图 5.2　a-Si:H 薄膜 PSD

E.Fortunato 研究小组关于 TFPSD 的系统研究,代表了当时国际的最先进水平。这一研究突出的贡献在两个方面:一是有效光敏面与传统的 PSD 相比有极大提高,一维 PSD 最大线度为 80 mm,如图 5.2(c)。二维 PSD 面积为 40 mm×40 mm;二是 TFPSD 的输出光电流信号增大,测试线性度提高,测量误差减小,特别是枕形误差。这一研究结果,其实际意义不仅仅是提供一种 TFPSD,更主要的是为研究高性能的 PSD 器件提供了一种新的思路,即不再局限于用传统的半导体材料的 PN 结制备 PSD 器件。这为后来研究其他类半导体材料的横向光电效应奠定了基础。

随后,TFPSD 也受到了其他研究人员的关注。西澳大利亚大学的 J.Henry 等人也对 a-Si:H 薄膜作为激活介质的 PSD 进行了研究。但他们把更多的注意力转向利用金属和半导体的界面,即肖特基结(Schottky barrier, SB)代替半导体 PN 结。对金属-a-Si:H-铟锑氧化物(Indium tin oxide, ITO)和金属-半导体(Metal-Semiconductor, MS)等结构的横向光电效应了作了实验测试和比较,在 15 mm 的肖特基结 PSD 具有很好的线性度[38,39]。接着他们对 Schottky 结型 PSD 进行了系统研究。将 a-Si:H 薄膜夹在 Pt 和 ITO 之间,其结构如图 5.3。为了比较,他们设计三种不完全相同的 a-Si 薄膜的 PIN 结构,利用不同的光源照射样品,测试了其线性特性和光谱响应特性并进行比较测试[40-42]。另外,他们还对 Ta 金属的 Schottky 型 PSD 的光谱响应特性作了研究。同时,为了优化这类 PSD 的响应特性,分别对 Al、Ti 和 Ta 三种金属的 Schottky 结 PSD、不同薄膜厚度时的响应灵敏度进行比较研究[43,44]。

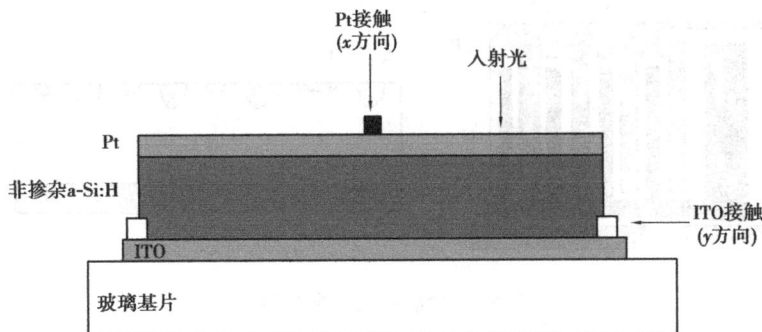

图 5.3　薄膜型 Schottky 结 PSD

在 J. Henry 开展对 MS 的 Schottky 型 PSD 研究之后,E. Fortunato 的小组从 2004 年也开始研究 Schottky 型 PSD,其中关于金属-绝缘体-半导体(Metal-Insulator-Semiconductor, MIS)的研究颇见真章[45-49]。此外,国外也还有其他关于 TFPSD 以及 Schottky 型 PSD 的报道[50-57]。

20 世纪 90 年代,诸多研究人员都在致力于改善 PSD 的测量精度和线性度,因而对横向光电效应的响应特性进行了细致和深入的研究。这主要体现在两个方面:一是选择不同激活介质,如 a-Si:H 薄膜;二是选用不同的材料形成不同的结构,如 ITO,MS,MIS 等,以此来增强横向光电效应,增大输出光电流(光电压),同时改善横向光电效应的线性度和灵敏度。虽然国内对 PSD 器件的研究比较少,但是进入 21 世纪后,在第二个方向上,对于 PSD 器件的机理——增强横向光电效应的研究取得了丰硕的成果。

国外关于 PSD 芯片的研究,概括起来,分成这样两个阶段。其一是从发现半导体 PN 的横向光电效应到齐备 PN 结型 PSD 芯片商业化,从时间上来看,大致在 1930 年到 1990 年之间。其二是从 1990 年至今,这一阶段主要表现为新型材料的 PSD 研究,主要包括 TFPSD,Schottky 结 PSD。

5.2.2　国内研究状况

国内对于 PSD 的研究较国外要晚很多,正式文献报道 PSD 的研究出现在 20 世纪 80 年代中期。在 90 年代时,电子信息产业部的第 44 研究所对 a-Si:H 的一维 PSD 和单晶硅双面结构二维 PSD 进行过研究,但没有形成产业化。机电部 214 所也曾对一维和二维枕形结构 PSD 的设计、制备工艺进行了初步研究。

到了 21 世纪初,浙江大学的黄梅珍制备了如图 5.4 梳状结构的一维 PSD,基底和背面与块状的相同,不同的是正面掺杂形成的 P 区呈梳子状,P 区的周边深扩磷形成隔离墙,构成梳子状分布的 PN 结结构,梳齿作为光敏感区若受外界辐射将产生光电流,梳脊作为分流区,其表面覆盖一薄层铝,在光敏区产生的电流将汇聚到分流区并在此被分流。这种通过局部隔离方式,形成梳状,提高了线性度,减小了边缘失真。

此后,黄梅珍的合作者基于 Gear 定理,采用集成电路工艺,制备出了光敏面积为 8 mm×8 mm 的二维枕形 PSD。

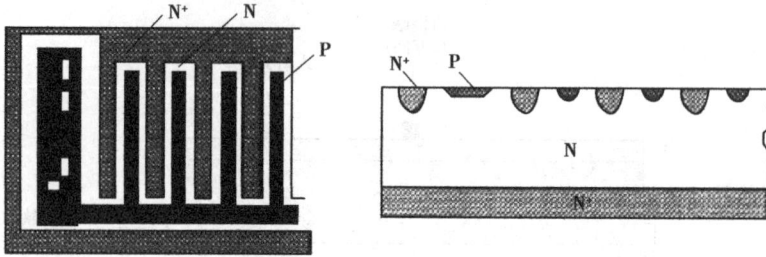

图 5.4　梳状结构一维 PSD

一直以来,国内关于 PSD 器件的制备研究也较少,对其的系统研究工作主要在对于现有 PSD 器件的特性及应用方面。其中包括:

①南京理工大学:袁红星等人对 PSD 在应用过程中的一些影响因素进行了测试和分析,初步提出了问题产生的原因以及相应的处理方法,其中包括光源[64-68]、环境光[69, 70]对 PSD 测试结果的影响;初步讨论了 PSD 测量的非线性问题,并在后端的信号处理上,利用插值算法对测量结果进行修正[71]。

②浙江大学:黄梅珍等人研究了不同结构形式电极对 PSD 性能的影响,通过 Lucosky 方程求解,给出了输出光电流的理论解析式,对输出光电流信号特性作了细致分析[72-76];总结了影响 PSD 线性度的因素[77],利用神经网络具有学习功能这一特点对测量结果的误差进行修正;利用有限元方法分析了二维 PSD 不同电极形式时的特性及非线性特点;为了提高测量线性度,对信号处理从算法上作了优化,并在单片机上进行数值处理。

③北京航空航天大学:尚鸿雁等人研究对 PSD 进行进一步深入的分析,特别是分析了 PSD 在不同光照模式下的动态响应特性[82-86],建立 PSD 的动态响应模型,进一步研究了 PSD 的动态响应误差。这种针对 PSD 动态响应特性以及光源对响应的影响研究,具有重要的理论价值和实际意义。

进入 21 世纪之后,虽然关于 PSD 器件研究仍然不多,但关于增强横向光电效应的研究有了很大的改变和进步。其中代表性的成果是中科院金奎娟与其合作者关于利用钙钛氧化物增强横向光电效应的研究以及上海交通大学王辉与其合作者关于金属、金属氧化物等类 Schottky 结横向光电效应增强的研究。

从 2005 年开始,中科院金奎娟等人对钙钛氧化物的 PN 结及其横向光电效应进行了深入研究。首先,对铟掺杂的 P 型 $SrTiO_3$ 和铌掺杂的 N 型 $SrTiO_3$ 的 PN 结,利用载流子的扩散-漂移方程以及 Possion 方程,通过数值计算,得到了稳态时的能带,并研究了在不同偏置电压时的电荷分布、输出光电流及光生载流子的传输机制。随后,他们在 $p\text{-}La_{0.7}Sr_{0.3}MnO_3/n\text{-}Si$ 的异质结界面观察到横向光电效应,图 5.5(a)给出了其界面两侧的横向电势在稳态时的响应特性测试结果。在 $La_{0.7}Sr_{0.3}MnO_3$ 界面上的横向光电效应对入射光点的位置有很高的灵敏度。针对界面两侧横向电势响应并不完全相同这一现象,运用载流子的产生机制、扩散机理解释了这一现象。进而,他们对 $La_{0.9}Sr_{0.1}MnO_3/SrNb_{0.01}Ti_{0.99}O_3$ 的异质结界面上的横向电势,从理论上进行了研究,通过求解漂移-扩散揭示了横向光电效应的特性,得到如图 5.5(b)的计算结果。然后,还对该结构中横向光电效应增强现象的物理机制作了解释。另外,实验过程中,在异质结界面上,观察到了 Dember 效应,这表明,在该异质结界面上实现了横向光电效应增强。此外,他们用 CO_2 激光器在 ZnO 薄膜表面诱发了横向光电效应。

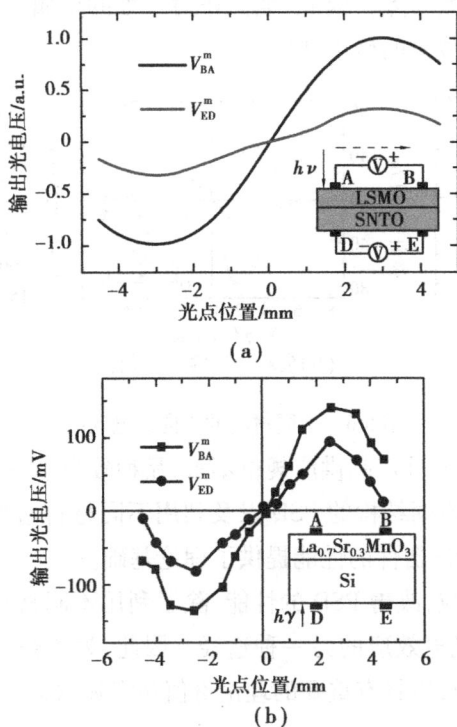

图 5.5　钙钛氧化物的横向光电效应

　　与此同时,王辉等人研究了不同金属、金属氧化物的横向光电效应特性。他们首先是在金属-氧化物-半导体(Metal-Oxide-Semiconductor, MOS)的 $Co-SiO_2-Si$ 结构中的金属 Co 薄膜表面观察到了横向光电效应,并测试了不同金属薄膜厚度时横向光电压的输出特性[105]。在此基础上提出 MOS 结构的 PSD 雏形,并测试了该 Schottky 结的纵向 *I-V* 曲线以及横向光电效应,结果表明,金属薄膜在非均匀光照时,其表面的横向电势有很好的线性关系。接着,在对 $Ti/TiO_2/Si$ 的研究中,比较了 MS 和 MOS 两种结构中,金属界面上横向光电效应差异;测试得到的响应灵敏度为 113 mV/mm,几乎为传统结构 PSD 响应灵敏度(60 mV/mm)的 2 倍。这表明通过加入 TiO_2 超薄层,打开了电子传输通道,极大地提高了输出光电压和位置灵敏度。在对 MS 结构横向光电效应研究时,分别测量了不同金属(Ti, Co, Cu)表面、金属与半导体界面的横向光电效应及其响应灵敏度和非线性度。同时,也提出了利用 MS 界面实现横向光电效应增强的方法。虽然近红外光(红外光)难以被(金属)金属氧化物吸收,但他们还是在 $Co(Cu_2O)$ 薄膜与 Si 的界面上观察到了横向光电效应,图 5.6(a)为实验测试结果,并解释了这种红外光诱发横向光电效应的机理。

　　另外,他们还研究了金属氧化物与半导体结构界面上的横向光电效应特性。通过对 ZnO 进行 Al 掺杂,然后以光照 ZnO 表面,对其表面两端输出的横向电势进行了实验测试和分析。而在以 Mn 掺杂的 ZnO 表面,利用红外光照射时,也观察到了类似的横向光电效应现象,如图

5.6(c)。此外,进一步的研究结果表明,利用 CdSe 在 Zn 与 Si 间形成量子点,也可以增强 Zn 表面的横向光电效应。由于一维界面的横向光电效应与入射光点位置有很好的线性关系,而在二维表面上,这种线性关系变差。因此,他们还对二维的金属表面横向光电效应的非线性进行了测量,并给出了测量位置的修正结果。

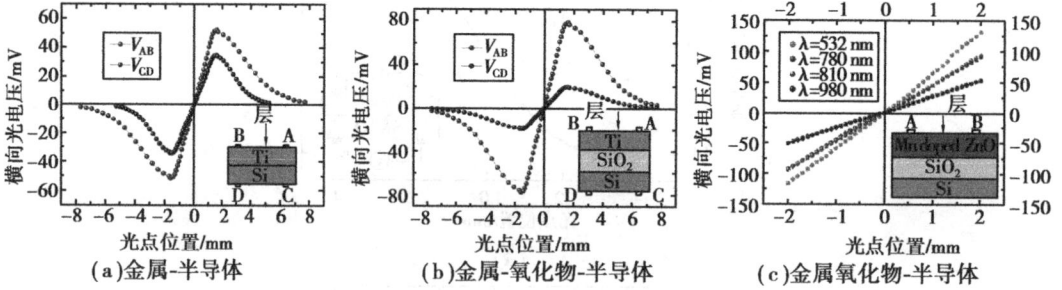

图 5.6 不同材料的横向光电效应

总的来说,国内的 PSD 器件产品供应规格不多,品种较为单一,并且没有相应的配套信号处理电路。但是,这些关于不同结构的 PSD 以及利用不同材料增强横向光电效应的研究,为设计和制备、改善和提高 PSD 器件的性能提供了理论基础。

但是,增强横向光电效应,改善 PSD 的性能,除了利用不同材料增强横向光电效应外,通过结构改进也是增强横向光电效应的另一种途径。因此,为了获得更高性能 PSD,研究新型结构实现增强横向光电效应,也具有重要的理论价值和实际意义。

5.3 谐振腔基本原理

通过对 PSD 研究的现有状况的总结和分析,并结合实际应用环境的因素,笔者提出了谐振腔结构增强横向光电效应提升输出光电流信号,并减小或消除环境光的影响。因此,首先我们研究谐振腔的基本原理及增强横向光电效应的可行性。

5.3.1 基本谐振腔

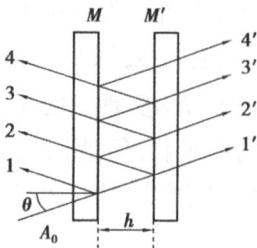

图 5.7 法布里-珀罗谐振腔

通过结构改进实现改善和提升 PSD 的性能,其最基本的思想即是在 PSD 中引入谐振腔。而最简单、最常用的是如图 5.7 的法布里-珀罗谐振腔。

在两个相向的平面镜 M 和 M' 上镀有薄银膜或其他反射率较高的薄膜,要求镀膜的平面与标准样板之间的偏差不超过 1/50~1/20 波长。当两平行的镀银平面的间隔固定不变时,则该仪器称为法布里-珀罗干涉仪。不同方向的平行光束入射到干涉仪上,在两反射面间作来回多次的反射,最后透射出来的平行光束,经透镜聚焦后形成同心圆环的干涉条纹。

一束光以 θ 角入射,光在腔内会经历多次折反射,如图5.8。设入射光的振幅为 A_0,腔的反射面反射率均为 ρ。则光在入射面上从 M 透射后,透射光的振幅为 $\sqrt{1-\rho}A_0$;第一次在后表面 M' 反射的振幅为 $\sqrt{\rho(1-\rho)}A_0$,透射的振幅为 $(1-\rho)A_0$。从后表面 M' 相继透射出来的各光束的振幅依次为 $(1-\rho)A_0,\rho(1-\rho)A_0,\rho^2(1-\rho)A_0,\rho^3(1-\rho)A_0,\cdots$。这些透射光束相互平行,如果以透镜聚集,则在其焦平面上形成干涉条纹,每相邻两光束在到达透镜焦平面上的同一点时,彼此的光程差值都相等,且为:

$$\delta = 2n_2 h \cos i_2 \tag{5.1}$$

相应的相位差为

$$\varphi = \frac{2\pi}{\lambda}\delta = \frac{4\pi}{\lambda}n_2 h \cos i_2 \tag{5.2}$$

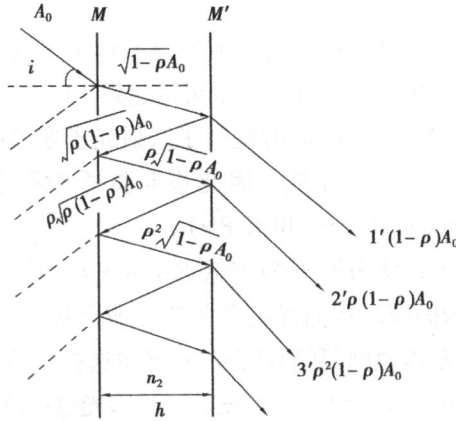

图 5.8　法布里-珀罗腔中光的折反射

多束透射光叠加后的全振幅的平方,可以表示为:

$$A^2 = \frac{A_0^2}{\left[1 + \dfrac{4\rho}{(1-\rho)^2} \cdot \sin^2\left(\dfrac{\varphi}{2}\right)\right]} \tag{5.3}$$

并定义

$$F = \frac{4\rho}{(1-\rho)^2} \tag{5.4}$$

称为精细度,它是干涉条纹细锐程度的量度。

图5.9为反射镜不同反射率时透射率随相位差的变化。随着反射镜反射率的增大,透射光暗条纹强度减小,亮条纹宽度变窄,说明条纹的精细度提高,对比度增大;当反射率接近1.0时,此时透射光的干涉几乎是在全暗的背景上的一组细亮的条纹。全暗背景即是说透射率为0。从图中可以看出,当相位差为 2π 的整数倍时,透射光最强。而从式(5.2)中知道,特定的相位差对应确定的光波长。这说明,只有特定波长的光透射后才能形成干涉条纹。因此,法布里-珀罗腔对入射光有滤波的作用。

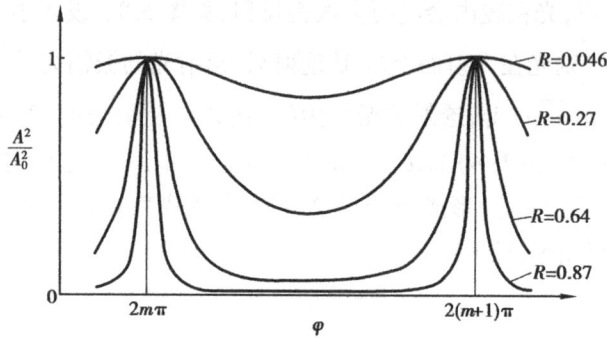

图 5.9　不同反射率时法布里-珀罗腔的透射率

5.3.2　谐振腔光电探测器

在法布里-珀罗谐振腔中通过腔对入射光波的谐振作用,这相当于实现了对入射光波的选择滤波,并且谐振波长光波的透射率在理论上可以达到 1.0。在光探测器中引入了谐振腔,利用腔的谐振作用实现入射光的选择,同时提高了入射光子在腔中寿命,从而提高光在激活层中的量子效率,改善光探测器的性能。因此将此类器件称之为谐振腔增强光探测器(Resonant cavity enhanced photodetector, RCE PD)。

1992 年,M. S. Unlu 等人以法布里-珀罗谐振理论为基础,首先从理论上完整地研究了以硅、锗为激活介质时、具有谐振腔结构的光电探测器的理论基础。首先分析了谐振腔的驻波效应,提出了设计谐振腔的基本原则,利用谐振的对光谱选择作用,实现了谐振腔中激活介质的量子效率的提高。图 5.10 为他们设计的谐振腔增强型光电探测器的结构。

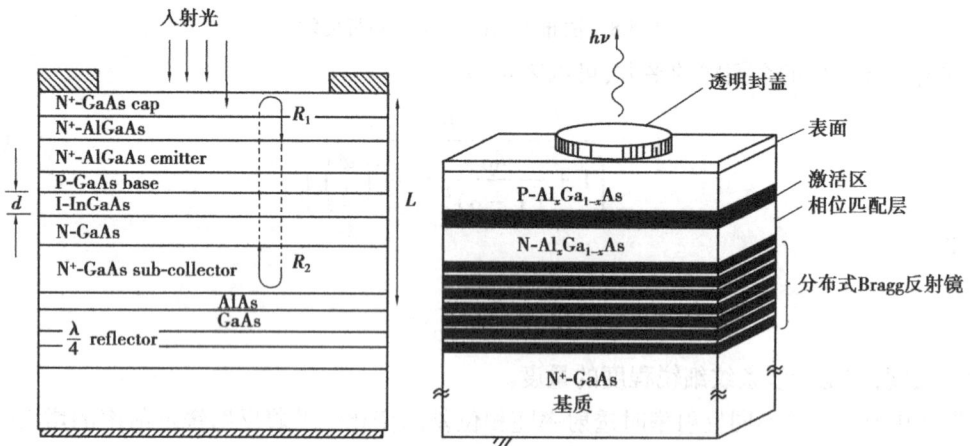

图 5.10　谐振腔增强型光电探测器分层结构

接着,利用载流子的扩散-漂移方程,求解了光照时一维半导体的暂态响应,并对 GaAs 异质结 PIN 光电结的暂态响应作了实例分析。进而,他们研究了谐振腔增强型光电探测器件的高速响应特性,讨论了响应特性的限制条件和特点,并用他们提出的数值分析方法对异质结光电探测器进行了暂态分析。结果表明,谐振腔增强了量子效率,带宽乘积增大了 3 倍。

1995 年,M.S.Unlu 对谐振腔增强型光探测器的研究成果作了详细的总结和报道。此后,其他研究工作者对谐振腔增强光电探测器的结构和性能的改进也作了研究。

谐振腔在光电探测器上的成功应用,为增强横向光电效应提供了一种途径。进入 21 世纪后,由于半导体加工技术和工艺的成熟,更为先进的结构设计的出现,如量子阱、量子点谐振腔;更为精确的加工技术,如电子术外延生长、光刻被采用,对谐振腔光电探测器进行了结构优化和性能改良。

PSD 在用于位置检测时,有两个重要的指标:位置分辨率和线性度。而分辨率和线性度要受 PSD 的理论、制备工艺、结构形式等的限制。因而,采用幅值法对单个光斑进行定位检测时,其幅值要受器件 PN 结电容、结电阻分布均匀性的影响,使测量线性度降低。另一方面,在 PSD 的光斑定位检测中发现,环境光不仅对输出信号的幅值有很大的影响,也极大的增加了输出信号的噪声,导致 PSD 定位精度和灵敏度下降。所以,环境光的干扰也影响了输出光电流信号,也会导致测量结果的线性度和测量精度。并且不同测量环境的环境光特性各不相同,使 PSD 及相应的检测系统的通用性大大降低。

以检测理论的角度来说,增大 PSD 输出信号幅值,可以提高信噪比;同时为适应不同的应用环境,减小或消除环境光对 PSD 输出信号的干扰,降低噪声信号,也能提高信噪比。那么,如何在增强横向光电效应、提高 PSD 输出信号的同时,又能有效地抑制环境光干扰对 PSD 检测的影响呢? 为了达到这一目的,仅仅利用材料增强横向光电效应,在后端信号处理和对数据修正处理已不能满足要求。

在前述提到已有关于横向光电效应及其增强的研究,均是采用不同材料或是对材料进行优化实现提升输出光电流信号。其中,采用了金属材料或是含金属元素的化合物材料,获得了最好的信号增强效果,这主要是利用了金属材料多自由电子这一特点。非均匀光照射后,被金属材料吸收,激励出更多的光生载流子,提高了光生电流。但是,由于金属材料中有过多的自由电子,使入射光照激发的光生载流子也很容易复合,导致光生载流子的寿命缩短、扩散长度变小。这一结果最终使横向光电效应的有效线性区仅为几毫米。如果将其用于制备PSD,其光敏面积将小于 10 mm^2。过小的光敏面积,会极大地限制 PSD 的应用。

因此,要寻找合适的方法,在增强横向光电效应的同时,并使其有效测量线性区域不至于减小,还要实现消除环境光干扰。我们知道,利用法布里-珀罗谐振腔的谐振作用,可以实现对入射光的选频作用。基于这一原理,法布里-珀罗谐振腔已被用于光电器件中提高材料的量子效率,改善光探测器的性能;另一方面,它还能有效延长光生载流子的寿命,从而在实现增强横向光电效应的同时,增大其有效线性区。从实际结果来看,法布里-珀罗谐振腔用于改善光探测器件的性能已被证实是可行的。

5.4　横向光电效应增强的机理研究

半导体 PN 结对入射光照的响应机理可以用 Lucovsky 方程描述。光照激发的光生载流子经扩散被电极收集而形成光电流输出。设无光照时半导体内的初始电子数密度为 $N(0)$,

光照后光生载流子的扩散用扩散方程[172]表示为：

$$D_s \frac{\mathrm{d}^2 N(x)}{\mathrm{d}r^2} = \frac{N(x)}{\tau_s}$$ (5.5)

式中　$D_s = k_0 T_t \sigma_s / n_0 q^2$——由爱因斯坦关系决定的扩散常数；

　　　k_0——玻耳兹曼常数；

　　　T_t——绝对温度；

　　　σ_s——半导体材料的电导率；

　　　n_0——平衡态时电子的面密度；

　　　q——电子的电量；

　　　x——入射光点的位置；

　　　τ_s——半导体中光生载流子(非平衡载流子)的平均寿命。

　　光生载流子在扩散过程中，随扩散距离的增大而衰减，其分布可表示为

$$N(x) = N(0) \exp\left(-\frac{x}{\lambda_s}\right)$$ (5.6)

λ_s 为电子的扩散长度，且

$$\lambda_s = \sqrt{D_s \tau_s} = \sqrt{\frac{k_0 T_t \sigma_s \tau_s}{n_0 q^2}}$$ (5.7)

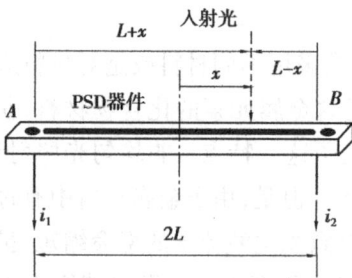

图 5.11　PSD 的横向光电效应

　　PSD 的位置测量原理如图 5.11，光照产生了光生载流子，由于非平衡载流子的扩散，在两接触电极处形成准费米能级，准费米能级与非平衡载流子的浓度的关系表示为：

$$E_{Fn} = E_F + k_0 T \ln\left(\frac{\Delta n}{n}\right)$$ (5.8)

其中 Δn 和 n 分别为过剩载流子浓度和平衡态时的电子浓度。

因此，横向光电效应 LPE 也可以用两端电极 A、B 间的准费米能级差表示为：

$$LPE = \frac{E_{Fn}(A) - E_{Fn}(B)}{q} = K_s N(0) \left[\exp\left(-\frac{|L+x|}{\lambda_s}\right) - \exp\left(-\frac{|L-x|}{\lambda_s}\right)\right]$$ (5.9)

其中 K_s 为比例系数，与材料特性有关，LPE 随入射光到中心点的位置 x 的变化而改变。理想情况下，

$$LPE = 2K_s N(0) \exp\left(-\frac{L}{\lambda_s}\right) x$$

　　对二维 PSD，其横向光电效应的 LPE 可表示为：

$$LPE = K_s N(0) \left\{\exp\left[-\frac{\sqrt{(L_x - x_p)^2 + (L_y - y_p)^2}}{\lambda_s}\right] - \exp\left[-\frac{\sqrt{(L_x - x_q)^2 + (L_y - y_q)^2}}{\lambda_s}\right]\right\}$$ (5.10)

从式(5.9)中可以发现，在一定范围内增大光生载流子的扩散长度，即延长光生载流子的寿命，能实现横向光电效应的增强。图 5.12 给出了入射光在不同位置时，横向光电效应光生载

流子扩散长度之间的关系。结果表明,入射光点距离中心越远,光生载流子扩散长度越大,横向光电效应越显著。但扩散长度较小、入射光点在中心位置附近时,横向光电效应 LPE 具有更高的线性度。同时也发现,入射光点位置 x 增大(偏离中心),光生载流子扩散长度超过一定值,横向光电效应略有减小。

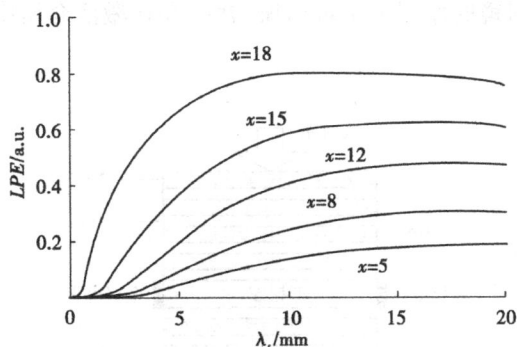

图 5.12　LPE 与扩散长度的关系

基于这一理论基础,我们提出利用谐振腔的谐振作用,通过延长光生载流子的寿命、扩散长度,实现横向光电效应增强,与些同时,寻找有效的抑制环境光影响的方法。

5.4.1　光滤波的基本原理

正如电信号的滤波一样,对于光波,也可以采用滤波的方法,通过特定的结构,使某些频率或波长范围的光波经过该结构后不能透射,除了被介质吸收的部分外,其余被该结构全反射。图 5.13 说明了光滤波的基本原理。理想情况下,不考虑介质对光波的吸收作用,波长在 630~900 nm 范围内的光波因全反射而不能被滤波透射。考虑到制备 PSD 的半导体材料,其峰值响应光谱多数为近红外光,而所接收的环境光的主要成分为可见光。因此,光滤波的主要任务是使可见光不透射,而特定或较窄范围内的频率(波长)的近红外光能全部透射。如果谐振腔结构具有与此相同或接近的作用,就可以达到消除环境光干扰的目的。

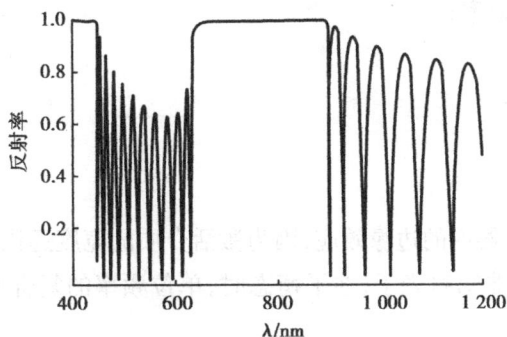

图 5.13　光滤波的基本原理

5.4.2　典型谐振结构

从光学角度考虑,谐振腔结构应包括 3 个组成部分:顶部光学镜、以激活介质为主的谐振腔及底部反射镜。为了使入射光利用率最大化,底部反射镜的反射率越大越好。实际应用中典型的谐振腔结构如图 5.14,上下高反射镜被包括两个分布式反射镜(Distributed Bragg Reflector, DBR)所代替,其间的激活介质作为谐振腔。通常,这种谐振腔结构用在光探测器中提高激活介质量子效率以及改善其响应特性,并产生的纵向光电流(光生载流子)穿过 PN 结。入射光波在两个反射镜的作用下实现谐振增强,并在激活介质中实现光电转换,激发光生载流子。

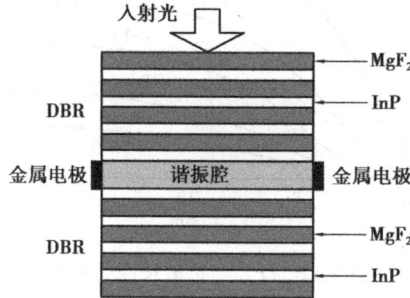

图 5.14　典型谐振腔结构

5.4.3　增强横向光电效应的机理研究

如前所述,延长载流子的寿命可以增加其扩散长度,进而有助于增强横向光电效应。因而,我们首先研究利用谐振腔结构延长光生载流子在激活介质中的寿命的理论基础。由于光生载流子与入射光子紧密联系,而单位频率的光子密度由玻色-爱因斯坦分布函数和态密度 $\rho(\nu)$ 决定,其关系可表示为:

$$q_0(\nu) = f(\nu)\rho(\nu) = \frac{8\pi\nu^2 n_s^3}{c^3} \times \frac{1}{e^{\frac{h\nu}{kT_i}} - 1} \tag{5.11}$$

式中　ν——入射光频率;

n_s——激活介质折射率;

c——光速;

T_i——热力学温度;

h——普朗克常数;

k——玻尔兹曼常数。

在 PSD 探测器中忽略器件的边缘效应,因为激活介质的宽度远比光波长大。假设在激活介质中仅有光生载流子和非辐射光子,在平衡态时,单位频率的复合率正比于电子空穴对的产生率,其关系可表示为:

$$r_{rad} = r_r \frac{np}{n_i^2} P_E \tag{5.12}$$

已知光子吸收率,热平衡时电子空穴对的复合率 r_r 可以由平衡原理得到,P_E 为薄膜层中电子空穴对复合时光子的辐射几率。光波入射经顶部光学镜后进入激活介质,光子的寿命

$\tau_p = n_s / \alpha c$, α 是材料的光吸收系数。因此,单位时间内光子吸收率为 $1/\tau_p = \alpha v_g = \alpha c / n_s$, v_g 为群速, τ_p 为光子的寿命。热平衡下,频率为 v 的光入射时,复合的载流子与同频率热平衡时产生的电子空穴对数目相等,即有:

$$r_r = \frac{1}{\tau_p} q_0(v) = \frac{1}{\tau_p} f(v) \rho(v) = \alpha v_g f(v) \rho(v) = \frac{\alpha c}{n_s} f(v) \rho(v) \qquad (5.13)$$

将 r_r 代入式(5.12),得:

$$r_{\mathrm{rad}} = \frac{\alpha c}{n_s} f(v) \rho(v) \frac{np}{n_i^2} P_E \qquad (5.14)$$

n 和 p 为光入射前激活介质中的电子、空穴的数目, n_i 为本征半导体中电子(或空穴)的数目。因而,单位体积内载流子的产生率 $g(v)$ 与 $q(v)$ 的关系表示为:

$$g(v) = \frac{cq(v)A}{4n_s^3 Ad} Q(v) = \frac{cq(v)}{4n_s^3 d} Q(v) \qquad (5.15)$$

其中 A 为激活介质 a-Si∶H 薄膜的表面积, d 为激活介质厚度,即谐振腔的长度,则激活介质的体积为 $v = Ad$, $Q(v)$ 为入射光子的吸收几率。

不失一般性,假设膜层为本征型,初始时电子和空穴的数为 n_0 和 p_0 ,且满足: $n_0 p_0 = n_i^2$,则单位频率的产生复合率 $U(v)$ 为:

$$U(v) = \left(\frac{\Delta n \Delta p}{n_i^2} \right) g(v) \approx \left(\frac{np - n_0 p_0}{n_i^2} \right) \frac{c}{4n_s^3 d} q(v) Q(v)$$

$$= \left(\frac{np}{n_i^2} - 1 \right) \frac{c}{4n_s^3 d} q(v) Q(v) = \left(\frac{np}{n_i^2} - 1 \right) g(v) \qquad (5.16)$$

其中 Δn 和 Δp 为光生载流子浓度。在频率 $[v_1, v_2]$ 内积分,式(5.16)变为:

$$G(v) = \int_{v_1}^{v_2} g(v) \mathrm{d}v = \frac{c}{d} \int_{v_1}^{v_2} \frac{1}{4n_s^3} q(v) Q(v) \mathrm{d}v = \frac{c}{d} \int_{v_1}^{v_2} \frac{1}{4n_s^3} \frac{8\pi v^2 n_s^3}{\exp\left(\frac{hv}{kT_t} \right) - 1} Q(v) \mathrm{d}v$$

$$= \frac{c}{d} \int_{v_1}^{v_2} \frac{2\pi v^2}{\exp\left(\frac{hv}{kT_t} \right) - 1} Q(v) \mathrm{d}v \qquad (5.17)$$

其中 $Q(v)$ 由下式给出:

$$Q(v) = \frac{1 - \exp(-\alpha d)}{1 - R_1 R_2 \exp(-\alpha d)} \times \{ 2 - (R_1 + R_2) [1 - \exp(-\alpha d)] - 2R_1 R_2 \exp(-\alpha d) \} \qquad (5.18)$$

式中　R_1——顶部光学镜的反射率;

　　　R_2——底部 DBR 的反射率;

　　　α——激活介质吸收系数。

在本征半导体中, $n_0 p_0 = n_i^2$,且 $n_0 = p_0 = n_i$,光照达动态平衡时,载流子寿命 τ_s 表示为:

$$\frac{1}{\tau_s} = \frac{U(v)}{\Delta n} = G(v) \frac{n_0 + p_0}{n_i^2} = \frac{2G(v)}{n_i^2}$$

$$= \frac{2}{n_i d} \int_{\nu_1}^{\nu_2} \frac{2\pi\nu^2}{c^2 \left[\exp\left(\frac{h\nu}{kT_t} \right) - 1 \right]} \times Q(\nu) \, \mathrm{d}\nu \tag{5.19}$$

从式(5.18)和式(5.19)中可知,增大 R_1 和 R_2 可以提高载流子的寿命,从而增大载流子的扩散长度,提高电极对光生载流子的收集。

由式(5.18)和式(5.19)可知,光生载流子的扩散长度和寿命的生长可以通过提高结构的透射率来实现。在室温下(293 K),吸收系数 α 为 $4 \times 10^3/\mathrm{cm}$,介质厚度 d 为 200 nm,其他材料和环境条件参数参见文献[163],光生载流子的寿命和扩散长度与透射率的关系如图 5.15,底部反射镜的反射率 R_2 分别为 0.3、0.5、0.8 和 1.0。

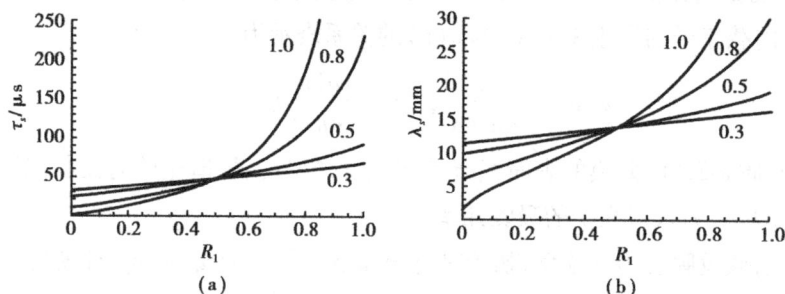

图 5.15　光生载流子的寿命和扩散长度与反射率的关系

从图 5.15 中可以看出,当反射率 R_2 分别为 0.3、0.5、0.8 和 1.0 时,光生载流子的寿命和扩散长度随着反射率 R_1 的增大而增加。R_2 为 0.3、0.5 时,载流子的寿命和扩散长度近似线性增加。特别地,当 R_2 为 0.8 和 1.0 时,R_1 从 0.6 增大到 1.0 时,载流子的寿命和扩散长度近似呈指数增加。从图 5.15(b)中可知,$R_1 = 0.6$ 时 λ_s 约为 15 mm,而 $R_1 = 1.0$ 时 λ_s 超过 30 mm。但是,考虑到实际情况,并非载流子寿命越长其扩散长度越大。实际上,随着载流子浓度的增大、寿命的延长,导致电子空穴对的复合几率也极大的增大。这一结果反过来在一定程度上会减小横向光电效应。这与图 5.12 中的结果是一致的。

光生载流子不同扩散长时,归一化的横向光电效应 LPE 数值仿真结果如图 5.16。在图 5.16(a)中,光生载流子的扩散长度 λ_s 为 30 mm,其中红线代表 $L = 20$ mm,蓝线代表 $L = 25$ mm。在图 5.16(b)中,光生载流子的扩散长度 λ_s 为 40 mm,其中红线代表 $L = 30$ mm,蓝线代表 $L = 35$ mm。从图中发现,LPE 随着 L 延长而增大;在靠近边缘处开始出现严重的非线性。比较发现,当扩散长度 λ_s 增大时,LPE 也增大。另外,LEP 与入射光位置 x 并非完全的线性关系,当 L、λ_s 增大时,非线性也增大,但此时 LPE 的有效线性区扩大,这有利于扩大 PSD 的有效测量光敏面积。

图 5.16 的数值仿真结果与 PSD 的实际情况相同。二维 PSD 的光敏面分为 AB 两个区域,A 区内位置测量线性度高,而 B 区要低;在 B 区以外,将产生严重的枕形失真,见图 4.7。

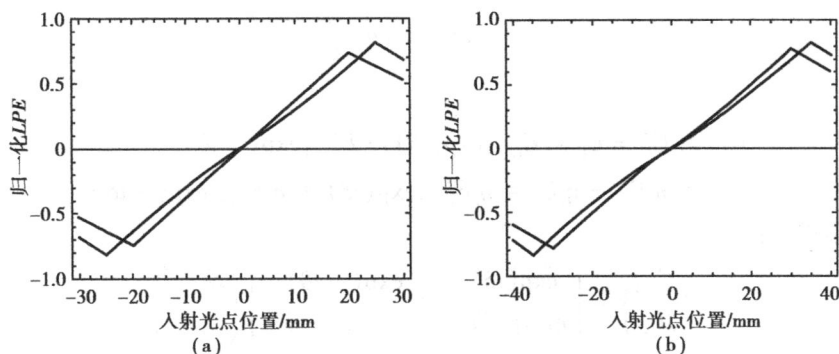

图 5.16　不同扩散长度时的 *LPE*

5.5　结 构 设 计

从原理上来说典型谐振腔结构能实现增强横向光电效应的目的。但为了进一步弄清楚光与介质的相互作用以及光波在结构中的分布,需要进行理论计算。光波在这种一维分层周期结构中的传输,本质是电磁波在周期性结构中的传播。常见最简单的计算方法是传输矩阵法。

5.5.1　传输矩阵法

传输矩阵法是通过将光波或电磁场在实空间的格点上展开,然后把 Maxwell 方程组转化为转移矩阵的形式,通过求解本征值得到 DBR 分层结构的波谱特征。传输矩阵可以表示层中格点的场强与相邻层中格点场强的关系。在 Maxwell 方程组的基础上从一个格点推广到整个空间。运用该方法计算时,传输矩阵小,矩阵元素少,计算过程简单而计算精度高,可以计算出结构的反射系数、透射系数以及电磁场在多层结构中各介质层上的分布。

平面光波在分层介质中传输时,在光的传输方向上,包括入射波分量和反射波分量,由 Maxwell 方程得出的解可表示为

$$E_i = E_l^+ \exp\left[i\left(\omega t - \frac{2\pi n}{\lambda}x\right)\right] + E_l^- \exp\left[i\left(\omega t + \frac{2\pi n}{\lambda}x\right)\right] \tag{5.20}$$

其中 a_l 和 b_l 分别为入射波和反射波的电场分量振幅。在如图 5.17 所示的分层介质界面上,例如,在 l 层界面上,根据边界条件,电场的法向分量和磁场的切向分量连续有:

$$E_{l-1} = E_{l-1,l}^+ + E_{l-1,l}^- = E_l^+ + E_l^-$$
$$H_{l-1} = H_{l-1,l}^+ + H_{l-1,l}^- = \eta_l E_l^+ - \eta_l E_l^- \tag{5.21}$$

入射波和反射波在介质层中传输时,只有相位发生变化,故 $E_{l,l+1}^+ = E_l^+ \exp(-i\delta)$,$E_{l,l+1}^- = E_l^- \exp(i\delta)$,其中

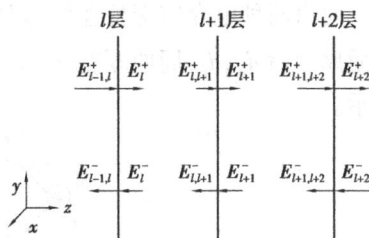

图 5.17　分层界面上的
入射波和反射波

$$\delta = 2\pi n_l d_l \cos\frac{\theta_l}{\lambda}$$

进而有

$$E_{l-1} = E_l^+ + E_l^- = E_{l,l+1}^+ \exp(i\delta) + E_{l,l+1}^- \exp(-i\delta)$$
$$H_{l-1} = \eta_l E_l^+ - \eta_l E_l^- = \eta_l E_{l,l+1}^+ \exp(i\delta) + \eta_l E_{l,l+1}^- \exp(-i\delta)$$

(5.22)

写成矩阵形式为:

$$\begin{pmatrix} E_{l-1} \\ H_{l-1} \end{pmatrix} = \begin{bmatrix} \exp(i\delta) & \exp(-i\delta) \\ \eta_l\exp(i\delta) & -\eta_l\exp(-i\delta) \end{bmatrix} \begin{pmatrix} E_{l,l+1}^+ \\ E_{l,l+1}^- \end{pmatrix}$$

(5.23)

在 $l+1$ 层界面上,应用边界条件有:

$$E_{l+1} = E_{l,l+1}^+ + E_{l,l+1}^-$$
$$H_{l+1} = \eta_l E_{l,l+1}^+ + \eta_l E_{l,l+1}^-$$

(5.24)

经变换后,式(5.24)表示为矩阵形式:

$$\begin{pmatrix} E_{l,l+1}^+ \\ E_{l,l+1}^- \end{pmatrix} = \frac{1}{2}\begin{pmatrix} 1 & \dfrac{1}{\eta_l} \\ 1 & \dfrac{1}{\eta_l} \end{pmatrix}\begin{pmatrix} E_{l+1} \\ H_{l+1} \end{pmatrix}$$

(5.25)

联合式(5.23)和式(5.25)可得

$$\begin{pmatrix} E_{l-1} \\ H_{l-1} \end{pmatrix} = \begin{bmatrix} \exp(i\delta) & \exp(-i\delta) \\ \eta_l\exp(i\delta) & -\eta_l\exp(-i\delta) \end{bmatrix}\frac{1}{2}\begin{pmatrix} 1 & \dfrac{1}{\eta_l} \\ 1 & \dfrac{1}{\eta_l} \end{pmatrix}\begin{pmatrix} E_{l+1} \\ H_{l+1} \end{pmatrix}$$

(5.26)

$$= \begin{pmatrix} \cos\delta_l & \dfrac{i}{\eta_l}\sin\delta_l \\ i\eta_l\sin\delta_l & \cos\delta_l \end{pmatrix}\begin{pmatrix} E_{l+1} \\ H_{l+1} \end{pmatrix}$$

令 $M_l = \begin{pmatrix} \cos\delta_l & \dfrac{i}{\eta_l}\sin\delta_l \\ i\eta_l\sin\delta_l & \cos\delta_l \end{pmatrix}$,称其为特征矩阵。

5.5.2 DBR 反射镜中光波的计算

对由两种电介质交替叠加的 DBR 反射镜的多层结构,介质折射率分别为 n_a, n_b,对应的介质厚度为 d_a, d_b,周期厚度 $d = d_a + d_b$。平面光波从左端面入射,并从左向右传输,如图 5.18 所示。

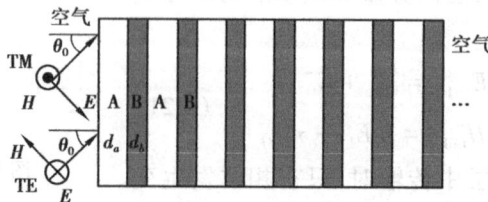

图 5.18　DBR 反射镜结构简图

根据光学理论,平面光波在分层介质中的传输可以用一个特征矩阵来描述,该矩阵可表示为:

$$m_{a,b} = \begin{bmatrix} \cos\delta_{a,b}d_{a,b} & \dfrac{-i}{p_{a,b}}\sin\delta_{a,b}d_{a,b} \\ -ip_{a,b}\sin\delta_{a,b}d_{a,b} & \cos\delta_{a,b}d_{a,b} \end{bmatrix} \tag{5.27}$$

式中:

$$\delta_{a,b} = kn_{a,b}\sqrt{1 - \frac{\sin^2\theta}{\varepsilon_{a,b}}}$$

$$n_{a,b} = \sqrt{\varepsilon_{a,b}}$$

θ 为平面光波在左端面的入射角。其中 $k = \omega/c = 2\pi/\lambda$, c 为光速, λ 为入射光波长。

对 TE 波,

$$p_{a,b} = n_{a,b}\sqrt{1 - \frac{\sin^2\theta}{\varepsilon_{a,b}}}\;;$$

对 TM 波,

$$p_{a,b} = \frac{1}{n_{a,b}}\sqrt{1 - \frac{\sin^2\theta}{\varepsilon_{a,b}}}\,。$$

对分层周期结构,以 N 表示结构周期数,光波从左向右传播时,总的传输矩阵可表示为:

$$M_F = m_a m_b m_a m_b \cdots m_a m_b = (m_a m_b)^N = \begin{pmatrix} M_{11} & M_{12} \\ M_{21} & M_{22} \end{pmatrix} \tag{5.28}$$

平面光波在入射端面将反射,出射端面透射,相应的反射率和透射率为:

$$R(\lambda) = |r(\lambda)|^2 = \left| \frac{(M_{11} - M_{22})\cos\theta - (M_{12}\cos^2\theta - M_{21})}{(M_{11} + M_{22})\cos\theta - (M_{12}\cos^2\theta + M_{21})} \right|^2 \tag{5.29}$$

$$T(\lambda) = |t(\lambda)|^2 = \left| \frac{2n_a\cos\theta}{(M_{11} + M_{12}n_a\cos\theta)n_a\cos\theta + (M_{21} + M_{22}n_a\cos\theta)} \right| \tag{5.30}$$

由式(5.29)和式(5.30)即可得到入射光波在这种多层结构中的反射波谱和透射波谱。

根据 Bloch 定理,谐波电场在无限周期结构中满足条件:

$$E_i = e^{-iKd}E_{i+d} \tag{5.31}$$

式中　K——Bloch 波矢;

　　　d——结构的空间周期。

由式(5.28)可知,光波在一个周期内的传播用特征矩阵可表示为:

$$E_i = M^d E_{i+d} = \begin{pmatrix} M_{11}^d & M_{12}^d \\ M_{21}^d & M_{22}^d \end{pmatrix} E_{i+d} \tag{5.32}$$

结合式(5.31)和式(5.32)有:

$$e^{-iKd}E_{i+d} = \begin{pmatrix} M_{11}^d & M_{12}^d \\ M_{21}^d & M_{22}^d \end{pmatrix} E_{i+d} \tag{5.33}$$

由此可得光波在一维无限周期结构的色散关系：

$$\cos(Kd) = \frac{1}{2}\text{Tr}(\boldsymbol{M}^d) = \frac{1}{2}(M_{11}^d + M_{22}^d) \tag{5.34}$$

对 TE 波，色散关系为

$$\cos(Kd) = \cos(\delta_a d_a)\cos(\delta_b d_b) - \frac{1}{2}\left(\frac{n_a}{\delta_b} + \frac{n_b}{\delta_a}\right) \times \sin(\delta_a d_a)\sin(\delta_b d_b) \tag{5.35}$$

对 TM 波，其色散关系为

$$\cos(Kd) = \cos(\delta_a d_a)\cos(\delta_b d_b) + \frac{1}{2}\left(\frac{\delta_a}{n_a}\frac{n_b}{\delta_b} - \frac{\delta_b}{n_b}\frac{n_a}{\delta_a}\right)\sin(\delta_a d_a)\sin(\delta_b d_b) \tag{5.36}$$

在式（5.35）和式（5.36），当 Bloch 波矢 K 有实数解时对应通带，K 为复数解时对应禁带。

5.5.3　结构中的光波电场

光波在分层结构中传输时，在每层介质中都包含前行（入射）波和后向（反射）波。因此，每层介质中的波均可表示为：

$$E_l = E_l^+ \exp[ikn_l(x - x_{l-1})] + E_l^- \exp[-ikn_l(x - x_{l-1})] \tag{5.37}$$

其中 x_{l-1} 为 l 层左端面的坐标，E_l^+ 和 E_l^- 分别表示前行波和后向波的振幅。另外由

$$\nabla \times \boldsymbol{E} = -\frac{\partial \boldsymbol{B}}{\partial t}$$

得

$$-\frac{\partial E_l}{\partial t} = i\omega B_l(x)$$

式（5.37）对时间 t 求偏导，并整理得：

$$-cB_l(x) = n_l\{E_l^+ \exp[ikn_l(x - x_{l-1})] - E_l^- \exp[-ikn_l(x - x_{l-1})]\} \tag{5.38}$$

在 l 层中的电场分量和磁场分量以矢量行列式表示为：

$$\boldsymbol{\psi}_l(x) = \begin{bmatrix} \boldsymbol{E}_l(x) \\ ic\boldsymbol{B}_l(x) \end{bmatrix}$$

同理，在 l 层端面的电场和磁场也可表示为

$$\boldsymbol{\psi}(x_l) = \begin{bmatrix} \boldsymbol{E}(x_l) \\ ic\boldsymbol{B}(x_l) \end{bmatrix}$$

与入射端面的电磁场之间，通过传输矩阵联系可表示为：

$$\boldsymbol{\psi}(x_0) = \boldsymbol{m}_1 \boldsymbol{m}_2 \boldsymbol{m}_3 \cdots \boldsymbol{m}_{l-1} \boldsymbol{\psi}(x_l) \tag{5.39}$$

在入射端，其电磁场包括入射部分和反射部分，即：

$$\boldsymbol{\psi}(x_0) = \begin{bmatrix} E_i(x_0) + E_r(x_0) \\ iE_i(x_0) - iE_r(x_0) \end{bmatrix} = \begin{bmatrix} 1 + r \\ i(1 - r) \end{bmatrix} E_i(x_0) \tag{5.40}$$

反射系数 $r = E_r(x_0)/E_i(x_0)$ 和透射系数 $t = E_t(x_{2n+1})/E_i(x_0)$，可由式（5.28）～式（5.30）计算得到。因此，在已知入射光波电场 $E_i(x_0)$ 时，通过以上计算可以得到任意位置处的电场，从

而得到光波电场在分层结构内的分布。

5.5.4　典型谐振腔中的光波

理论分析的结果表明,利用典型的谐振腔结构顶部光学镜和底部光学镜的高反射率,可以延长光生载流子的寿命、扩散长度以增强横向光电效应。光波入射该谐振腔结构后,光波在分层介质的传输、光谱特性可以用传输矩阵法计算得到。光波电场在结构中的分布以及透射光谱如图 5.19,其中谐振腔中激活介质仍为 a-Si:H。图(a)、(c)、(e)分别是激活介质厚度为 108 nm,163 nm 和 216 nm 时,结构中光波电场的强度分布;而图(b),(d),(f)为相应介质厚度时该谐振结构的透射光谱。其中,厚度为 108 nm 和 216 nm 时,光波电场的分布主要集中于激活介质及其附近,透射光谱中在 750 nm 处均有一条透射峰值。但当介质厚度为 216 nm 时,在 1 000 nm 附近还有一条透射峰。此时,由于激活介质厚度不同,谐振腔有不同的光谱特性。虽然这种谐振腔结构从理论上可以增强横向光电效应,但在实际应用时,为了获得更好的效果,需要对结构进行改进和优化。

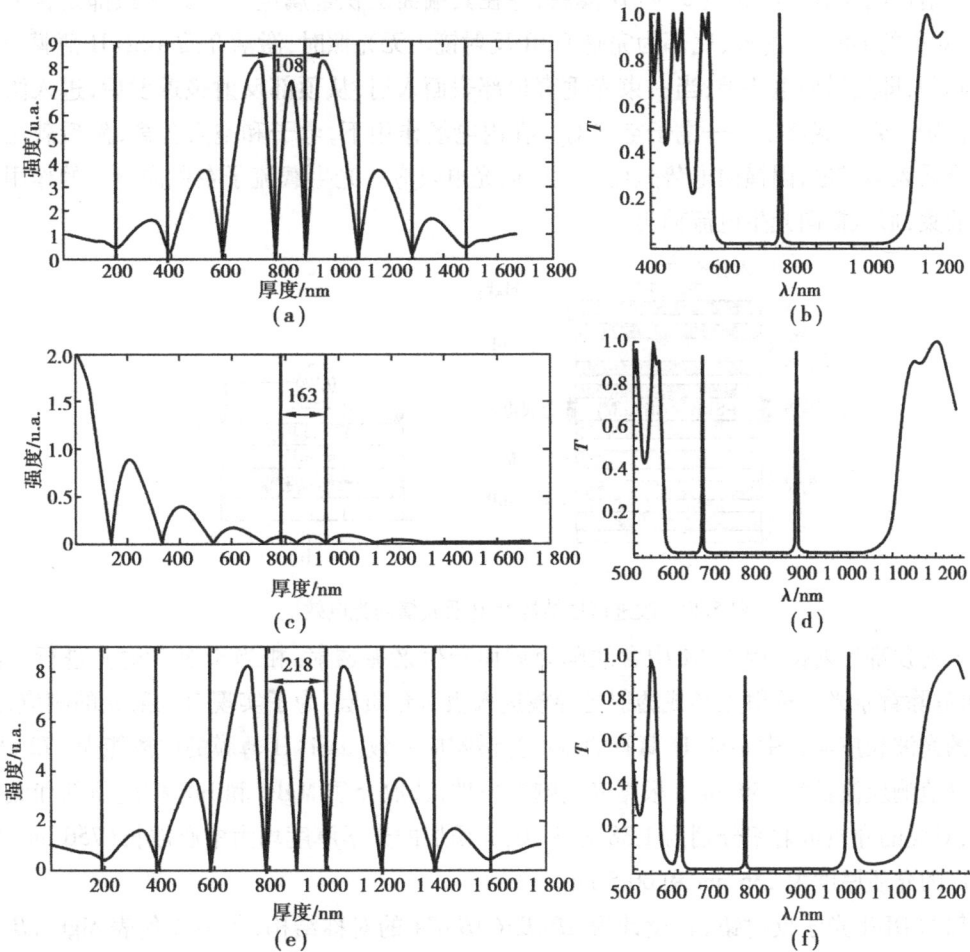

图 5.19　谐振腔不同厚度时的电场分布及透射谱

5.5.5 结构改进

在前述谐振腔结构的研究基础上,为了实现特定的目的,即增强特征光谱的透射,并消除环境光的干扰,需要对基本谐振腔结构进行改进和优化。其中,将顶部 DBR 反射镜设计为缺陷结构,在两光学反射镜之间以激活介质为主体构成的谐振腔。根据激活介质光谱响应特性,顶部反射镜就选择相应透射性能良好的材料。对引入其中的新结构,应合理选择其结构参数,因为不同的结构和激活介质决定不同的峰值响应光谱。其中要保证所选材料对应峰值及其邻近的光谱有很高的透射率。一般来说,横向光电效应是在 PN 结面上产生的,但由于 PN 特性的限制,输出光电流与入射光斑位置之间存在固有的非线性。因而,寻找更好的材料代替普通半导体材料来改善这一特性也备受关注。其中,氢化非晶硅(a-Si:H)薄膜由于易于制备和优良的光学性质而备受青睐,同时,相比于半导体 PN 结,a-Si:H 薄膜具有更好的均匀性。

改进后的谐振腔增强型 PSD 的结构如图 5.20,其中包括上下两个反射镜和激活介质。两个光学反射镜间夹着激活介质 a-Si:H 薄膜,并在其端面沉积金属电极。其中顶部是含缺陷层、上下对称的 DBR 反射镜,底部为完整 DBR 反射镜。无光照时,激活介质 a-Si:H 薄膜表面上电势均匀,即无横向电势差;当一束光垂直顶部表面入射,从顶部反射镜透射后,进入激活介质中激励出光生载流子——电子空穴对。在内电场作用下,电子和空穴分离,然后载流子在激活介质表面扩散,因横向电势差而产生横向光电效应。光生载流子在横向电场的作用下被电极收集,形成横向光生电流输出。

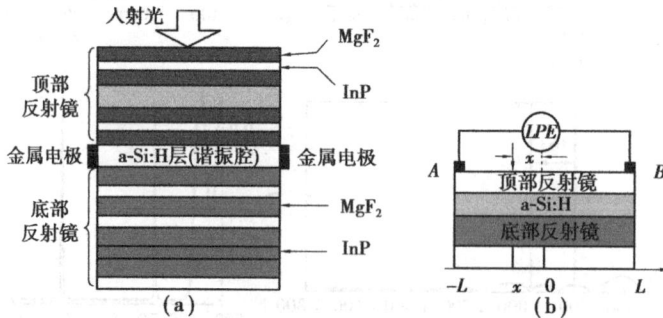

图 5.20 改进谐振结构 PSD 及其横向光电效应

光入射顶部反射镜,因 DBR 中含缺陷介质而产生谐振透射,相当于对入射光进行了滤波,故可滤除背景光。透射光形成透射光导模进入激活介质层,为了实现对入射光的响应,透射导模的光波长应与其中 a-Si:H 薄膜的特征光谱响应一致。a-Si:H 薄膜的电离能为 1.72 eV,对应的峰值响应波长为 750 nm。根据光谱响应条件,选取介质 MgF_2 和 InP 构成顶部和底部光学镜,对应的介质折射率分别为 1.38 和 3.10,介质层的光学厚度均为中心波长(750 nm)的 1/4,相应的介质厚度为 136 nm 和 60.5 nm。

顶部的 DBR 光学反射镜,其设计为 *ABABACABABA* 的对称结构,其中 *A* 代表 MgF_2,*B* 代表 InP,其光学厚度均为中心波长(750 nm)的 1/4。而 *C* 层介质也为 InP 层,但其厚度为 121 nm,是其他 InP 层厚度的 2 倍。完整的底部 DBR 反射镜为 $(AB)^6$ 的周期结构。该结构可以看成在基底上,首先通过溅射生成底部反射镜;然后生长 a-Si∶H 薄膜作为激活介质,并在其两端通过沉积金属生成电极;最后通过溅射生成顶部光学反射镜。光照后,在 a-Si∶H 薄膜的激活介质中激励出光生载流子,在 a-Si∶H 薄膜表面产生横向光电效应,光生载流子被金属电极收集形成光电流输出。在这种结构中,横向光电效应产生在 a-Si∶H 薄膜的表面。

由于底部为周期结构,根据 Bloch 定理,由色散关系决定的带隙结构如图 5.21。图中粗线覆盖的波长范围为光波的通带,而灰色阴影区,波长从 600~1 000 nm 的范围为光波禁带,其中包括了红光和近红外光谱区。常用 PSD 的峰值响应灵敏光谱在底部反射镜的光谱禁带范围内。因此,当入射到 DBR 反射镜上的光波波长在 600~1 000 nm 时,将会被全反射。

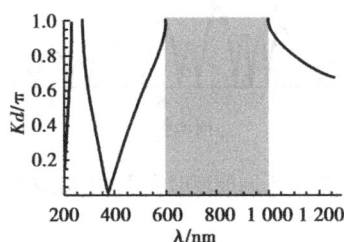

图 5.21   DBR 反射镜的光谱特征

入射光垂直于顶部反射镜入射时,光波在分层的顶部和底部结构中的传输特性,可以利用前述传输矩阵法计算。对上述所设计的结构利用数值计算,分别得到透射谱和反射谱如图 5.22,其中虚线为顶部的透射谱,实线为底部的反射谱。在透射谱的禁带(透射率 $T=0$)中有一条窄带透射峰,峰值波长 λ_0 为 750 nm。该透射光进入激活介质中激励光生载流子,部分光将再次从激活介质中透射而入射 DBR 反射镜。但由于透射光波长在 750 nm 附近,位于 DBR 的禁带中,将被全反射而返回激活介质中。这样提高了入射光在激活介质中的利用率。从图 5.22 中可知,理想情况下,即在不考虑介质对光波的吸收和损耗时,透射率和反射率均接近 1.0。

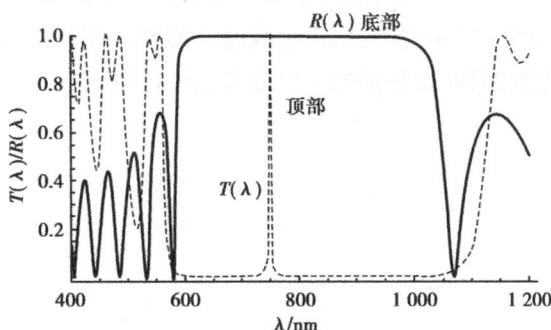

图 5.22   顶部的透射谱和底部的反射谱

据前所述,通过数值计算的结果,已经证明,通过改进的谐振结构能实现特定波长的光与激活介质的相互作用,但我们还需要知道激活介质中光的分布。另外,由于介质厚度不同,入射光通过多层结构后光波电场的分布和透射谱均不相同,因而,研究激活介质厚度对透射谱和光场的分布也很有必要。当激活介质响应波长为 750 nm,对不同厚度的激活介质,利用传输矩阵法计算,得到光场在其中的分布如图 5.23 所示。从中看出,介质厚度不同时,光场在其中的分布也是不相同的。比较发现,当厚度为 250 nm 时,在激活介质中俘获的光场最强。

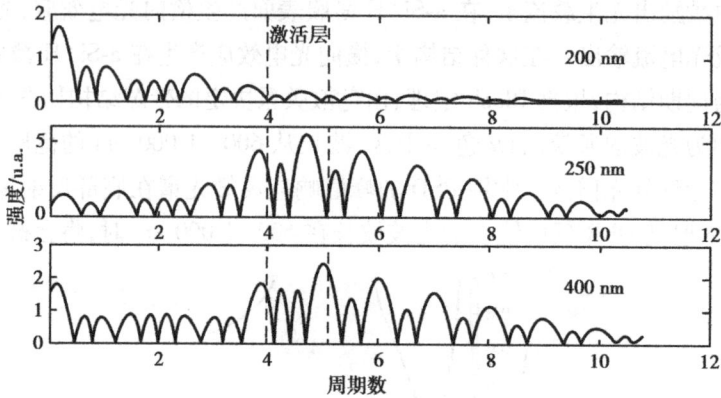

图 5.23　不同厚度时介质中的电场分布

5.6　小　结

　　本章从理论上研究了增强横向光电效应的机理。首先,对现有横向光电效应增强的方法进行了分析和总结,并提出了在 PSD 中引入谐振腔结构,实现增强横向光电效应的方法。然后,在分析谐振腔原理的基础上,根据横向电势产生的物理机制,从光生载流子的扩散长度与横向光电效应的关系,研究了增强横向光电效应的可能性。再从固体电子理论出发,结合光与介质的作用,通过理论推导,建立了谐振腔顶部和底部反射镜的反射率与光生载流子寿命和扩散长度的关系。最后,对谐振腔中载流子的寿命和扩散长度进行数值计算。结果表明,当顶部、底部的反射率均为 0.85 时,光生载流子的扩散长度超过 20 mm。这说明,通过引入谐振腔结构,提高其反射镜的反射率可以延长光生载流子的寿命和扩散长度。因此,研究结果证实了在 PSD 中利用谐振腔结构,增强横向光电效应是可行的。

第 **6** 章

谐振腔增强型 PSD 的数值验证研究

为了增强横向光电效应,改善 PSD 的特性,我们设计了谐振腔结构增强型 PSD,并初步计算了结构中光波电场的分布特征。在谐振增强型结构中,利用谐振增强特定光波的透射,以提高入射光的利用率。同时通过谐振,也实现了消除环境光的干扰。透射光波进入激活介质后,因局域作用,被最大限度地限制在激活介质中激励光生载流子,这可以有效提高入射光的利用率和激活介质的量子效率。为了详细说明该谐振腔结构提高量子效率和增强横向光电效应的效果,我们首先研究谐振腔增强型结构 PSD 中激活介质的量子效率,初步证实谐振腔可以实现横向光电效应增强;然后利用差分方法,对电流的 Poisson 方程(扩散方程)和连续性方程进行数值求解,研究谐振腔增强型结构的 PSD 中 PN 结界面上的横向光生电势及其分布特性。

6.1 谐振腔增强型结构的量子效率研究

首先,我们从谐振腔结构分析出发,研究谐振腔增强型结构的 PSD 中激活介质的量子效率。

6.1.1 谐振等效结构的量子效率

为了获得谐振腔增强型结构 PSD 中激活介质的量子效率,我们从结构分析出发,对谐振腔增强型结构作了等效分析,推理谐振腔中激活介质的量子效率与谐振腔结构参数间的关系。通过对谐振腔增强型结构 PSD 作等效分析,得到如图 6.1 的等效结构。

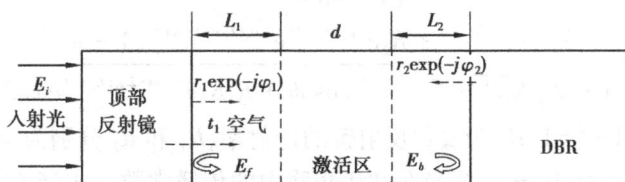

图 6.1 简化谐振腔结构图

其中,谐振腔的长(激活介质的厚度)为 $L = L_1 + L_2 + d$;谐振腔的顶部和底部反射镜均为 DBR 反射镜。光从左端面(顶部反射镜)入射,如果以 E_i 表示入射光波电场,顶部反射镜的透射系数为 t_1,故顶部反射镜透射电场分量 $t_1 \cdot E_i$;在谐振腔中前向传输电场分量设为 E_f,后向传输电场分量为 E_b,顶部和底部反射镜的反射系数可以表示为 $r_1 \exp(-j\varphi_1)$ 和 $r_2 \exp(-j\varphi_2)$,而 φ_1 和 φ_2 为光波在顶部和底部反射镜中的相位变化。由于谐振腔中的光波包括了顶部反射镜的透射和腔中往返分量,故腔中向前传输的电场分量可表示为:

$$E_f = t_1 E_i + r_1 r_2 E_f \exp[-\alpha d - \alpha_e(L_1 + L_2)]\exp(-j\phi) \tag{6.1}$$

其中,α_e 为激活介质外的吸收,ϕ 为光波在腔中的相位变化。因而有

$$E_f = \frac{t_1 E_i}{1 - r_1 r_2 \exp[-\alpha d - \alpha_e(L_1 + L_2)]\exp(-j\phi)} \tag{6.2}$$

把腔中的反向波 E_b 也用 E_f 表示为:

$$E_b = r_2 E_f \exp\left[-\frac{\alpha d}{2} - \frac{\alpha_e(L_1 - L_2)}{2}\right]\exp[-j(\beta L + \varphi_2)] \tag{6.3}$$

相应的腔中前向波和反向波光强为:

$$I_f = \frac{n_s}{2\eta_0}|E_f|^2 \text{ 和 } I_b = \frac{n_s}{2\eta_0}|E_b|^2 \tag{6.4}$$

其中,η_0 为光波在真空中的波阻抗。

将以上关系联立起来,可以得到在激活介质中的光强为:

$$\begin{aligned}
I_a &= (I_f e^{-\alpha_e L_1} + I_b e^{-\alpha_e L_2})(1 - e^{-\alpha d}) \\
&= \frac{r_1^2(e^{-\alpha_e L_1} + r_2^2 e^{-\alpha_e L_2}e^{-\alpha_c L})(1 - e^{-\alpha d})}{1 - 2r_1 r_2 e^{-\alpha_c L}\cos(2\beta L + \varphi_1 + \varphi_2) + (r_1 r_2)^2 e^{-2\alpha_c L}}I_i
\end{aligned} \tag{6.5}$$

$$\begin{aligned}
I_a &= [I_f e^{-\alpha_e(L_c - d)} + I_b e^{-\alpha_e(L_c - d)}](1 - e^{-\alpha d}) \\
&= \frac{t_1^2[e^{-\alpha_e(L_c - d)} + r_2^2 e^{-\alpha_e(L_c - d)}e^{-\alpha_e(L_c - d) - \alpha d}](1 - e^{-\alpha d})}{[1 - r_1 r_2 e^{-\alpha d - \alpha_e(L_c - d)}e^{-j\phi}]^2}I_i
\end{aligned}$$

因此,激活介质中入射光的转换效率为:

$$\begin{aligned}
\eta &= \frac{I_a}{I_i} = \frac{r_1^2(1 + r_2^2 e^{-\alpha d})(1 - e^{-\alpha d})}{[1 - r_1 r_2 e^{-\alpha d - \alpha_e(L_c - d)}e^{-j\phi}]^2} \\
&= \left[\frac{(1 + R_2 e^{-\alpha d})}{1 - 2\sqrt{R_1 R_2}e^{-\alpha d}\cos\phi + R_1 R_2 e^{-2\alpha d}}\right]T_1(1 - e^{-\alpha d})
\end{aligned} \tag{6.6}$$

$$\begin{aligned}
\eta &= \frac{I_a}{I_i} = \frac{t_1^2[e^{-\alpha_e(L_c - d)} + r_2^2 e^{-\alpha_e(L_c - d)}e^{-\alpha_e(L_c - d) - \alpha d}](1 - e^{-\alpha d})}{[1 - r_1 r_2 e^{-\alpha d - \alpha_e(L_c - d)}e^{-j\phi}]^2} \\
&= \frac{T_1[e^{-\alpha_e(L_c - d)} + R_2 e^{-\alpha_e(L_c - d)}e^{-\alpha_e(L_c - d) - \alpha d}](1 - e^{-\alpha d})}{1 - 2\sqrt{R_1 R_2}e^{-\alpha d - \alpha_e(L_c - d)}\cos\phi + R_1 R_2 e^{-2\alpha d - 2\alpha_e(L_c - d)}\cos 2\phi}
\end{aligned}$$

在上式中,$T_1 = 1 - r_1^2 = 1 - R_1$ 为底部反射镜的透射率,R_1 和 R_2 分别为顶部和底部端面的反射率,$\phi = 2\beta L + \varphi_1 + \varphi_2$,$\beta = 2n_s\pi/\lambda$ 为光在激活介质中的传播常数。式(6.6)中方括号里的因子反映了谐振腔的增强效果。通常,谐振腔外部介质对谐振光波的吸收远小于激活介质对光波

的吸收,故可以忽略外部吸收 α_e。因而,在谐振条件下,激活介质中的量子效率可表示为:

$$\eta_c = \frac{(1 + R_2 e^{-\alpha d})}{(1 - \sqrt{R_1 R_2} e^{-\alpha d})^2}(1 - R_1)(1 - e^{-\alpha d}) \tag{6.7}$$

谐振腔结构与传统结构量子效率的比较如图 6.2 所示。当激活介质的吸收率 αd 为 0.1,R_2 反射率为 0.9 时,对于谐振腔增强结构,在特征光谱处其量子效率得到明显的提高。而没有谐振腔的结构,其量子效率在很宽的波长范围内都比较低,且相差不大,故易受外界环境光的干扰。

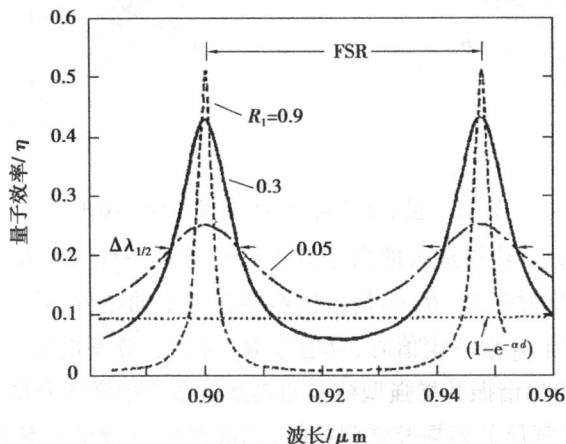

图 6.2　量子效率与波长的关系

如果对谐振腔结构进行合理设计,还可进一步提高激活介质的量子效率。当激活介质的光学厚度为 $(2m+1)\lambda_0/4$,但 m 不为 0,在激活介质中光波的相位变化为 $13\pi/2$。因此,在式 $(6.1)\sim$式 (6.6) 中,ϕ 应为 $(2m+1)\pi/2$。此时,式 (6.6) 变为:

$$\eta = \frac{T_1(1 + R_2 e^{-\alpha d})}{1 - R_1 R_2 e^{-2\alpha d}}(1 - e^{-\alpha d}) \tag{6.8}$$

6.1.2　谐振腔结构对量子效率的影响研究

在实际光电器件中,为了获得更高的量子效率,需要研究不同参数对量子效率的影响。因此,我们利用 Mathematics 软件,通过对式 (6.7) 数值计算,对于改进后的谐振腔结构,分别研究不同参数对激活介质的量子效率的影响。

首先,我们考虑当激活介质的光吸收率一定时,上下反射镜的反射率对量子效率的影响。为了说明改进谐振腔的增强效果,对改进的增强型谐振腔结构与典型谐振腔结构的量子效率,进行了数值计算和对比研究。

当介质吸收率 $\alpha d = 0.3$ 时,由式 (6.7) 和式 (6.8) 决定的激活介质的量子效率与反射率 R_1、R_2 的关系如图 6.3。其中,图 6.3(a) 为改进的谐振腔增强型结构中激活介质量子效率,其量子效率随着顶部、底部反射镜的反射率 R_1、R_2 的增大而增大;而图 6.3(b) 为传统的谐振腔,其激活介质的量子效率随 R_2 增大而增大;但当 R_1 增大到约 0.7 后,量子效率随着 R_1 的增大反而会减小。这表明,当介质吸收率一定时,理论上,谐振增强型结构中介质的量子效率与反

射率 R_1、R_2 成正比关系,通过提高顶部、底部反射镜的反射率有助于提高激活介质的量子效率。

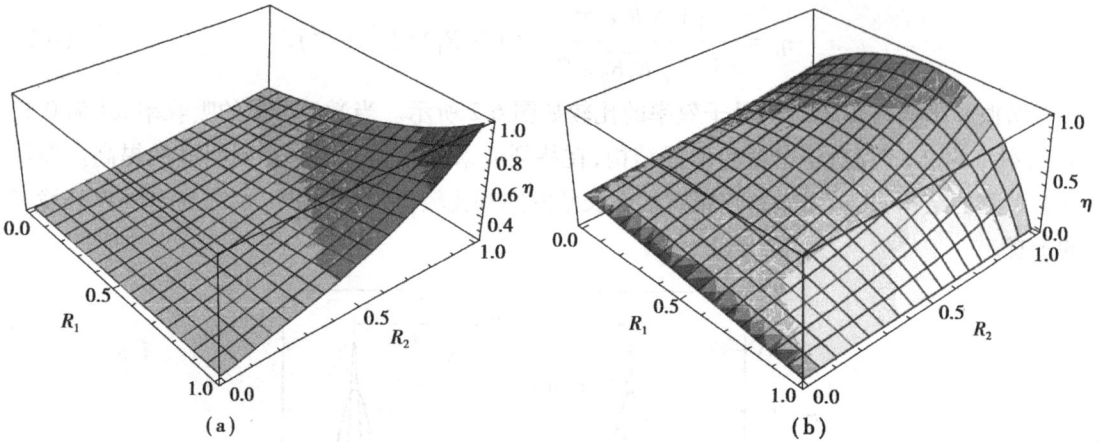

图 6.3 量子效率与 R_1、R_2 的关系($\alpha d = 0.3$)

在典型谐振腔结构中,获得最大的量子效率必须满足条件 $R_1 = R_2 \exp(-2\alpha d)$。那么,在谐振腔增强型结构中,反射率 R_1、R_2 间是否仍然存在类似的条件,并约束激活介质的量子效率呢? 为此,我们研究当 R_2 取一定值时、反射率 R_1 对量子效率的影响。同样,为了比较,在如图 6.4 中,我们同时给出谐振腔增强型结构和典型谐振腔中激活介质的量子效率。其中,图 6.4(a)为所设计的有空气层的谐振腔增强结构,当底部反射镜反射率 $R_2 = 0.95$ 时,顶部反射镜反射率 R_1 为 0.70、0.90 和 0.99 时激活介质的量子效率。显然,随着 R_1 的增大,激活介质的量子效率随着吸收率的增大而增大。而图 6.4(b)为典型谐振腔,当底部反射镜反射率 $R_2 = 0.95$ 时,顶部反射镜反射率 R_1 为 0.70 和 0.90 时,激活介质的量子效率。当反射率 R_1 增大时,量子效率反而减小,另外,对典型谐振腔结构,对确定的 R_1,量子效率只在某一特定的吸收率 αd 处得到最大值,此后随 αd 的增大,量子效率反而减小。这使激活介质层的厚度 d 受到限制,所以,典型谐振腔中激活介质厚度通常都较小。

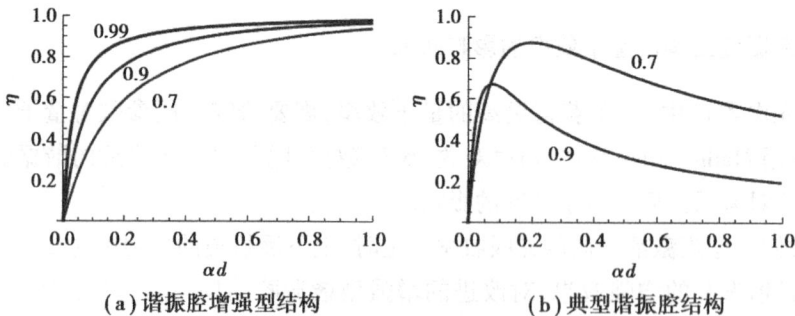

(a)谐振腔增强型结构　　　　　　(b)典型谐振腔结构

图 6.4 不同谐振腔的量子效率

另外,从图中也发现,在相同反射率和介质吸收率时,谐振增强结构和典型谐振腔结构中激活介质的量子效率也不相同。例如,当底部反射镜的反射率为 0.95,顶部反射镜反射率为 0.90,介质吸收率 $\alpha d = 0.20$ 时,在谐振腔增强型结构中,量子效率为 0.8,而在典型谐振腔中,量子效率仅为 0.55。

在改进的谐振腔增强型结构中,利用谐振作用,有效滤除环境光,提高了 PSD 抗环境光干扰的能力。对顶部、底部反射镜,利用传输矩阵法计算,得出其反射率是光波长的函数。因而,我们还进一步研究了在谐振腔增强型结构中,激活介质的量子效率与入射光波长、介质吸收率的关系,如图 6.5 所示。由图可见,激活介质的量子效率随吸收率的增大而增大,在谐振波长处将获得最大的量子效率。理论上,谐振波长的透射率可以为 1.0。而对其他波长,可以得到有效的抑制。这一结果表明,在提高谐振波长量子效率的同时,也有效消除环境光干扰。

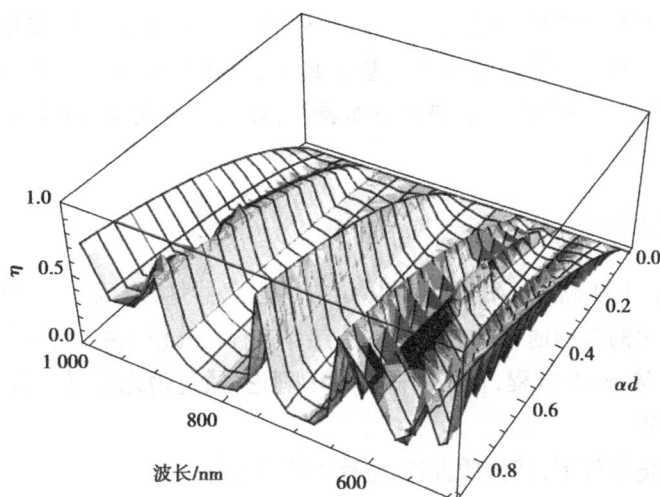

图 6.5　量子效率与波长和吸收率的关系

为了更清晰地说明量子效率与波长的关系,对特定的介质吸收率 αd,作图 6.5 的截面图,当介质吸收率分别为 0.3、0.5 和 0.9 时,激活介质的量子效率随波长的变化如图 6.6 所示。从图中发现,量子效率轮廓的包络线由 $1-R_1$ 决定,并且也是光波长的函数;激活介质的量子效率随吸收率的增大而增大,在顶部反射镜的谐振透射峰的中心波长处有最大的量子效率峰值。

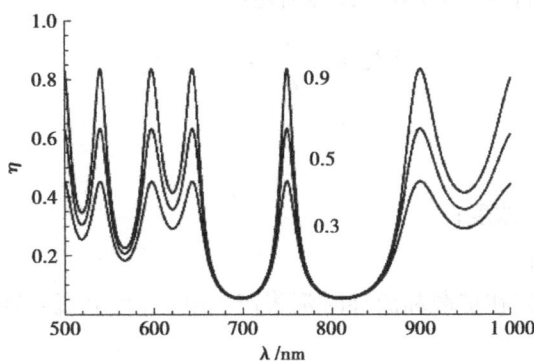

图 6.6　不同吸收率时的量子效率

通过对谐振腔增强型 PSD 的等效结构分析,我们得到了在该结构中激活介质的量子效率公式。并通过数值计算,研究了谐振腔增强型结构中的主要参数对量子效率的影响,并将其与典型谐振腔结构的量子效率作了比较。结果表明,所设计的谐振腔增强型结构有助于进一步提高激活介质的量子效率,达到增强横向光电效应的目的;并且还证实了该结构能有效抑制环境光干扰。

6.2　增强型结构横向光电效应的数值研究

我们已经证实了改进的谐振腔结构能提高激活介质的量子效率,因此能增强横向光电效应。同时,根据半导体理论,光照后激发的光生载流子通过扩散和漂移,最终将形成稳定的分布,从而在半导体表面产生横向电势。这一过程可以利用数学方程来描述——泊松方程(Poisson Equation)和载流子的连续方程。基于此,我们对 Poisson 方程和连续方程进行差分求解,通过数值计算研究横向光生电势的分布特征,以更为直观的形式证明谐振增强结构对横向光电效应的增强效果。

6.2.1　基本理论方程

不同条件下,为了准确分析任意半导体结构的独立器件,应确定一个恰当的数学模型。从数学模型推理得出的方程通常称为基本的半导体方程。光波入射后,在半导体材料(器件)中的传输也应遵循 Maxwell 方程,再结合固体电子理论,通过理论推导,可以得到描述半导体器件原理的基本方程。

在低频或静电场条件下,其物质方程,也称本构方程:

$$D = \varepsilon E \tag{6.9}$$

$$B = \mu H \tag{6.10}$$

式中　D——电位移矢量;

　　　ε——材料的介电常数;

　　　μ——磁导率。

半导体器件的静电特性由 Poisson 方程描述:

$$\nabla^2 \varphi = -\frac{q}{\varepsilon}\left[p - n + N\right] \tag{6.11}$$

式中　p——空穴浓度;

　　　n——电子浓度;

　　　N——净电离杂质浓度;

　　　q——电子的电量。

半导体中,电子、空穴在扩散和漂移时都将产生电流,且电流是连续的,其全电流的连续性方程表示为:

$$\nabla \cdot J + \frac{\partial \rho}{\partial t} = 0 \tag{6.12}$$

式中　J——传导电流密度;

　　　ρ——电荷密度。

该式表明单位体积元中流出的电流等于单位时间内该体积元内净电荷密度的减少。在半导体器件中,传导电流密度 J 由电子电流密度 J_n 和空穴电流密度 J_p 两部分组成,故式

(6.12)可表示为:

$$\nabla \cdot (J_n + J_p) + q \frac{\partial p}{\partial t} - q \frac{\partial n}{\partial t} = 0 \tag{6.13}$$

考虑电子空穴的复合,则有:

$$\nabla \cdot J_p + q \frac{\partial p}{\partial t} = - \left(\nabla \cdot J_n - q \frac{\partial n}{\partial t} \right) = - qR \tag{6.14}$$

其中,R 为半导体中电子空穴的复合率。这表明,单位时间、单位体积元内流出或增加的正电荷数等于单位时间、单位体积元内流入或减少的负电荷数。构成这一事实的原因在于:在该体积元内存在增加或减少电荷的"源"或"漏"。这就是存在着产生或复合中心。复合率 R 定义为单位时间、单位体积内复合的电子和空穴对数

$$\frac{\partial p}{\partial t} = - \frac{1}{q} \nabla \cdot J_p - R$$

$$\frac{\partial n}{\partial t} = \frac{1}{q} \nabla \cdot J_n - R \tag{6.15}$$

这表明,单位时间、单位体积元内增加的空穴(电子)数等于单位时间流入该体积元的空穴(电子)数减去该体积元内复合掉的空穴(电子)数。在半导体器件中,电子和空穴的电流密度方程为:

$$J_n = - e\mu_n n \nabla\varphi_n$$

$$J_p = - e\mu_p p \nabla\varphi_p \tag{6.16}$$

式中　μ_n、μ_p——电子、空穴的迁移率;

　　　φ_n、φ_p——电子、空穴的准费米势。

载流子浓度的玻尔兹曼分布:

$$n = n_i \exp \left[\frac{q}{kT}(\varphi - \varphi_n) \right]$$

$$p = n_i \exp \left[\frac{q}{kT}(\varphi_p - \varphi) \right] \tag{6.17}$$

式(6.17)变换后代入式(6.16)得:

$$J_n = q\mu_n n \nabla\varphi + qD_n \nabla n$$

$$J_p = q\mu_p p \nabla\varphi - qD_p \nabla p \tag{6.18}$$

其中,$D_n = kT\mu_n/q$,$D_p = kT\mu_p/q$,分别为电子和空穴的扩散系数。

当半导体掺杂时,载流子浓度为:

$$n = n_{ie} \exp \left[\frac{q}{kT}(\varphi - \varphi_n) \right]$$

$$p = n_{ie} \exp \left[\frac{q}{kT}(\varphi_p - \varphi) \right] \tag{6.19}$$

其中,n_{ie} 为有效本征载流子浓度。此时复合率 R 仅考虑 Shockley-Read-Hall 复合,且有:

$$R = \frac{np - n_{ie}^2}{\tau_p(n + n_1) + \tau_n(p + p_1)} \tag{6.20}$$

其中，n_1、p_1 分别为费米能级中心与复合中心能级重合时导带和价带中的载流子浓度，τ_n、τ_p 为电子和空穴寿命。对深能级复合中心，可近似为 $n_1 = p_1 = n_{ie}$。

对一维 PN 结，模型的方程表示为：

$$\frac{\partial^2 \varphi}{\partial x^2} = -\frac{q}{\varepsilon}\left[p - n + N\right] \tag{6.21}$$

$$\frac{\partial p}{\partial t} = -\frac{1}{q}\frac{\partial J_p}{\partial t} + G - R$$

$$\frac{\partial n}{\partial t} = \frac{1}{q}\frac{\partial J_n}{\partial t} + G - R \tag{6.22}$$

$$J_n = -q\mu_n n\frac{\partial \varphi}{\partial x} + qD_n\frac{\partial n}{\partial x}$$

$$J_p = -q\mu_p p\frac{\partial \varphi}{\partial x} - qD_p\frac{\partial p}{\partial x} \tag{6.23}$$

$$R = \frac{np - n_i^2}{\tau_p(n + n_i) + \tau_n(p + p_i)} \tag{6.24}$$

其中，G 为载流子的产生率。由于上式中各物理量数值的数量级相关很大，为了保证数值计算的可靠性，防止计算中不至于因数据过高或过低导致计算结果不收敛而溢出，将模型方程中的各物理量进行归一化。归一化时所用的比例常数称为归一化因子。通常选用的归一化因子包括（参数以 Si 为例）：

（1）空间坐标以本征德拜长度 L_D 为单位：$L_D = \sqrt{\varepsilon kT/q^2 n_i}$；

（2）载流子的浓度和掺杂浓度：以本征载流子的浓度 n_i 为单位；

（3）电位、费米势：以热电压 $V_t(kT/q)$ 为单位；

（4）其他各量的归一化见表 6.1。

表 6.1 归一化参数及因子

参数名称	归一化参数	因 子	归一化因子数值
位置坐标	x	L_D	3.405×10^{-3} cm
时间坐标	t	L_D^2/D_0	4.483×10^{-4} s
静电势	φ	V_t	0.025 875 V
施加电压	V_A	V_t	0.025 875 V
电场强度	E_l	V_t/L_D	7.295 V
载流子浓度	n, p	n_i	1.45×10^{10} cm^{-3}
杂质浓度	N, N_d, N_a	n_i	1.45×10^{10} cm^{-3}
电流密度	J, J_n, J_p	$qD_0 n_i/L_D$	1.76×10^{-8} A/cm^2
产生、复合率	G, R	$D_0 n_i/L_D^2$	3.234×10^{12} cm$^{-3} \cdot$ s^{-1}
载流子扩散系数	D_n, D_p	D_0	0.025 875 cm^2/s
载流子迁移率	μ_n, μ_p	D_0/V_t	1 cm^2/(V $\cdot$ s)

利用归一化因子对参数进行归一化后,方程(6.21)—(6.24)变为:

$$\frac{\partial^2 \varphi}{\partial x^2} = - (p - n + N) \tag{6.25}$$

$$\frac{\partial p}{\partial t} = - \frac{\partial J_p}{\partial t} + G - R$$

$$\frac{\partial n}{\partial t} = \frac{\partial J_n}{\partial t} + G - R \tag{6.26}$$

$$J_n = - \mu_n \left(n \frac{\partial \varphi}{\partial x} - \frac{\partial n}{\partial x} \right) = - \mu_n n \frac{\partial \varphi_n}{\partial x}$$

$$J_p = - \mu_p \left(p \frac{\partial \varphi}{\partial x} + \frac{\partial p}{\partial x} \right) = - \mu_p p \frac{\partial \varphi_p}{\partial x} \tag{6.27}$$

$$R = \frac{np - 1}{\tau_p(n + 1) + \tau_n(p + 1)} \tag{6.28}$$

稳态时,载流子浓度不随时间变化,电流连续性方程为:

$$\frac{\partial J_n}{\partial t} - R = 0$$

$$\frac{\partial J_p}{\partial t} + R = 0 \tag{6.29}$$

6.2.2　计算方法

由于描述半导体器件模型的方程是偏微分方程,直接进行数值求解比较困难,故常用离散数值分析法,把函数所在的区间分离成小区间后求值。其典型方法包括有限差分法和有限元法,本书采用有限差分法求解。

为求解函数 $f(x)$ 在区间 $[0, L]$ 上的值,将求解区域以 N 个格点划分为 $N-1$ 段,每段长度为 $\Delta x = L/(N-1)$,在格点 x_l 处,对不同的差分形式,分别得到函数 $f(x)$ 的一阶偏导数,对向前差分,

$$\frac{\mathrm{d}f(x)}{\mathrm{d}x} \bigg|_{x = x_l} \approx \frac{f(x_{l+1}) - f(x_l)}{\Delta x} \tag{6.30}$$

对向后差分,

$$\frac{\mathrm{d}f(x)}{\mathrm{d}x} \bigg|_{x = x_l} \approx \frac{f(x_l) - f(x_{l-1})}{\Delta x} \tag{6.31}$$

对中心差分,

$$\frac{\mathrm{d}f(x)}{\mathrm{d}x} \bigg|_{x = x_l} \approx \frac{f(x_{l+1}) - f(x_{l-1})}{2\Delta x} \tag{6.32}$$

称 Δx 为差分步长,其值越小,差分精度超高。对 $f(x)$ 的二阶导数,同样可以进行差分近似处理:

$$\frac{\mathrm{d}^2 f}{\mathrm{d}x^2}\bigg|_{x=x_l} \approx \frac{\dfrac{f(x_{l+1}) - f(x_l)}{\Delta x} - \dfrac{f(x_l) - f(x_{l-1})}{\Delta x}}{\Delta x} \tag{6.33}$$

$$= \frac{f(x_{l+1}) - 2f(x_l) + f(x_{l-1})}{\Delta x^2}$$

为了求解差分方程,对 PN 结的求解区域$[0,L]$,利用"中线网格"进行网格划分,如图 6.7 所示。在 $0 \leqslant x \leqslant L$ 以 N' 个格点划分,在 $K=1$ 和 $K=N'$ 的 N' 个格点中,每两个格点的中点再加一个网格点,序号从 1 到 $N'-1$ 变化。此时,在中线网格点上计算各物理量的导数,在原始格点上计算变量 n、p 和 φ 的值。

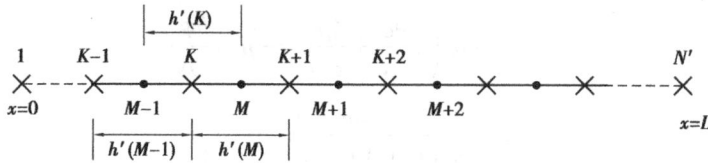

图 6.7　中线网格划分

根据该网格划分方案,稳态时电流连续性方程和泊松方程的差分离散可表示为:

$$\frac{J_n(M) - J_n(M-1)}{h'(K)} - R(K) = 0 \tag{6.34a}$$

$$\frac{J_p(M) - J_p(M-1)}{h'(K)} + R(K) = 0 \tag{6.34b}$$

$$\frac{1}{h'(K)}\left[\frac{\varphi(K+1) - \varphi(K)}{h(M)} - \frac{\varphi(K) - \varphi(K-1)}{h(M-1)}\right] = -\left[p(K) - n(K) + N(K)\right] \tag{6.34c}$$

其中,$R(K) = \dfrac{p(K)n(K) - 1}{\tau_n[n(K)+1] + \tau_p[p(K)+1]}$,$h'(K) = \dfrac{1}{2}[h(M)+h(M-1)]$。

表示电子、空穴电流密度的式(6.19)在 M 点处的差分形式为:

$$J_n(M) = -\mu_n(M)n(M)\frac{\varphi(K+1) - \varphi(K)}{h(M)} + \mu_n(M)\frac{n(K+1) - n(K)}{h(M)} \tag{6.35a}$$

$$J_p(M) = -\mu(M)p(M)\frac{\varphi(K+1) - \varphi(K)}{h(M)} - \mu_p(M)\frac{p(K+1) - n(K)}{h(M)} \tag{6.35b}$$

式中,$n(M)$ 必须用格点 K 和 $K+1$ 上的 n 值表示,因此忽略电场、迁移率和电流密度在相邻格点上的变化,式(6.27)可变化为

$$\frac{\mathrm{d}n}{\mathrm{d}x} + n\frac{\mathrm{d}\varphi}{\mathrm{d}x} - \frac{J_n}{\mu_n} = 0 \tag{6.36}$$

其中,$\mathrm{d}\varphi/\mathrm{d}x = E_l$,从而有积分近似:

$$n(x) = n(0)\exp(-E_l x) + \frac{J_n}{\mu_n E_l}[1 - \exp(-E_l x)] \tag{6.37}$$

因此,对格点 K 和 $K+1$,电子、空穴浓度的差分可表示为:

114

$$n(K+1) = n(k)\exp[\varphi(K+1) - \varphi(K)]$$
$$+ \frac{J_n(M)h(M)}{\mu_n[\varphi(K+1) - \varphi(K)]}\{1 - [\varphi(K+1) - \varphi(K)]\} \quad (6.38a)$$

$$p(K+1) = p(k)\exp[\varphi(K+1) - \varphi(K)] -$$
$$\frac{J_p(M)h(M)}{\mu_p[\varphi(K+1) - \varphi(K)]}\{1 - [\varphi(K+1) - \varphi(K)]\} \quad (6.38b)$$

将式(6.38)代入式(6.35),得到电流密度的差分形式:

$$J_n(M) = \frac{\mu_n(M)}{h(M)}[\varphi(K) - \varphi(K+1)]\frac{n(K+1)\exp[\varphi(K) - \varphi(K+1)] - n(K)}{\exp[\varphi(K) - \varphi(K+1)] - 1}$$
$$= J_n[n(K), n(K+1), \varphi(K), \varphi(K+1)] \quad (6.39a)$$

$$J_p(M) = \frac{\mu_p(M)}{h(M)}[\varphi(K) - \varphi(K+1)]\frac{p(K)\exp[\varphi(K) - \varphi(K+1)] - p(K+1)}{\exp[\varphi(K) - \varphi(K+1)] - 1}$$
$$= J_p[p(K), p(K+1), \varphi(K), \varphi(K+1)] \quad (6.39b)$$

将式(6.39)代入式(6.34)中,相应的结果以函数形式表示为:

$$F_n[n(K-1), n(K), n(K+1), p(K), \varphi(K-1), \varphi(K), \varphi(K+1)] = 0 \quad (6.40a)$$
$$F_p[n(K), p(K-1), p(K), p(K+1), \varphi(K-1), \varphi(K), \varphi(K+1)] = 0 \quad (6.40b)$$
$$F_\varphi[n(K), p(K), \varphi(K-1), \varphi(K), \varphi(K+1)] = 0 \quad (6.40c)$$

其中,$2 \leq K \leq N'-1$。对长为 L 的 PN 结,归一化后的边界条件可表示为:

$$N(0) + p(0) - n(0) = 0 \quad (6.41a)$$
$$N(L) + p(L) - n(L) = 0 \quad (6.41b)$$
$$n(0)p(0) = 1 \quad (6.41c)$$
$$n(L)p(L) = 1 \quad (6.41d)$$
$$\varphi(0) = \ln n(0) \quad (6.41e)$$
$$\varphi(L) = V_A - \ln p(L) \quad (6.41f)$$

在上述边界条件下,已知 $t=0$ 时的初值 $n(x,0)$,$p(x,0)$ 和 $\varphi(x,0)$,利用边界条件确定 n、p 和 φ 在 $K=1$ 和 N' 处的值,即可求解式(6.40)。

6.2.3　横向光电效应的数值结果

利用前述的差分数值计算方法,对改进的谐振腔增强型结构 PSD 的横向光电效应稳态响应进行数值计算研究。在该结构中,是以 PIN 的 a-Si∶H 形成结面,光照后,激发光生载流子在结面产生横向电势差,被横向的两个电极收集形成光电流输出。

①静态特性

首先,通过求解泊松方程和连续方程,计算 a-Si∶H 结的静态特性。a-Si∶H 的基本参数如表6.2 所示。

表 6.2 a-Si∶H 的基本参数

参数名称	符 号	数 值
介电常数	ε	12.9
能带	E_g	1.42 eV
静电势	φ	0.025 875 V
本征浓度	n_i	$2.1 \times 10^6 \, \text{cm}^{-3}$
杂质浓度	N_d, N_a	$1.0 \times 10^{16} \, \text{cm}^{-3}$
电子迁移率	μ_n	9 340 $\text{cm}^2/(\text{V} \cdot \text{s})$
空穴迁移率	μ_p	450 $\text{cm}^2/(\text{V} \cdot \text{s})$
电子扩散系数	D_n	240 cm^2/s
空穴扩散系数	D_p	11.6 cm^2/s

利用以上参数,利用前述的差分法进行数值求解,得到 a-Si∶H 的 PIN 结零偏时的静态能带,如图 6.8 所示,0.5 μm 处为 PIN 结面。如图 6.8(a)为 PIN 结的能带图。其中"+"代表导带能级,"×"代表价带能级,点画线代表费米能级,竖直虚线代表 PIN 结的界面(左边为 P 区,右边为 N 区)。a-Si∶H 的本征载流子浓度低,而掺杂浓度相对较高。因而,N 区的导带底和 P 区的价带顶靠近本征费米能级。在 PN 结区附近的电荷分布如图 6.8(b),结界面上的正负电

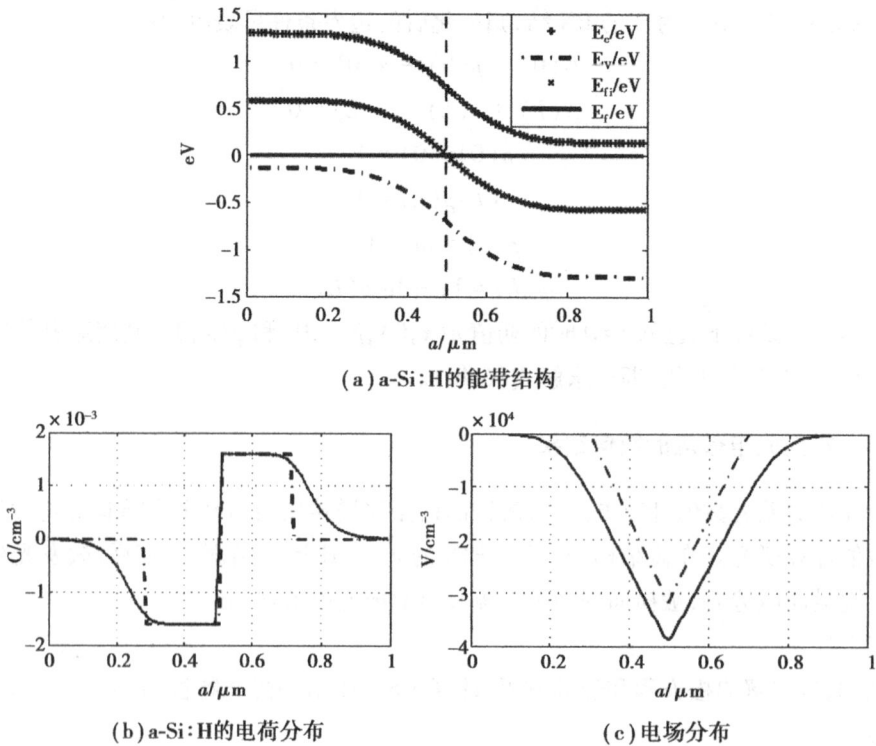

(a) a-Si∶H 的能带结构

(b) a-Si∶H 的电荷分布

(c) 电场分布

图 6.8 a-Si∶H 的稳态特性

荷的分布发生突变,从而产生较高的势垒;结区两侧在耗尽层内电荷均匀分布,远离结区时电荷逐渐减少。电荷的分布在一定程度也反映了结电场的分布,如图 6.8(c)所示。其中黑实线为数值计算结果,点画线为理论值。结面上的电势最强,向两侧线性减弱。

②横向光电效应的数值计算

对方程组式(6.40)进行数值求解,得到光照时,PN 结上横向光电效应的数值计算结果。计算过程中,由于载流子浓度数值太大,而载流子寿命的数值又太小,为了避免计算结果溢出,以本征载流子的浓度和寿命进行归一化处理。其中 $G=I_0(x,t)\alpha\eta e^{-x\alpha}$,$I_0(x,t)$ 为入射光函数,α 为吸收系数,η 为量子效率,x 代表横向位置坐标。以平行光正入射时,入射光函数取为归一化 1。a-Si:H 的本征载流子浓度 $10^6/cm^3$,掺杂浓度为 $10^{16}/cm^3$,结的线度 20 mm。

在此前的理论研究中,已经证明了谐振腔可以延长光生载流子的寿命和增加其扩散长度,在改进谐振腔增强型结构的基础上,对增强谐振腔结构中激活介质的量子效率进行了计算和比较研究。结果表明,入射光在谐振中的激活介质的量子效率得到了提高。由此,我们得出了谐振增强结构能实现横向光电效应增强这一结论。为了说明谐振增强结构增强横向光电效应这一效果,我们对谐振增强结构中的 PN 结和普通 PN 结的横向光电效应进行差分数值计算,并对结果进行比较。

利用差分数值求解 Poisson 方程和扩散方程,得到普通 PIN 结和谐振腔增强结构的 PIN 结的横向光生电势的仿真结果,在 P 区表面分布如图 6.9 所示。其中,实线代表普通 PN 结的横向电势,而虚线代表谐振腔结构 PIN 结归一化量子效率为 0.3 时的横向电势。从图中可知,普通 PIN 结的输出光生电势约为 0.3,而谐振腔结构的 PIN 结输出光生电压接近 3.0。普通 PN 结表面的横向光生电势与谐振结构 PIN 结的横向光生电势相差 1 个数量级。这一理论计算结果表明,利用谐振腔结构实现了横向光电效应增强。另外,我们还发现,光生电势在 5~16 mm 范围内具有很好的线性度,而光生电流是在横向电势差的作用下形成的,由此横向电势差反映了光生电流的大小及变化趋势。

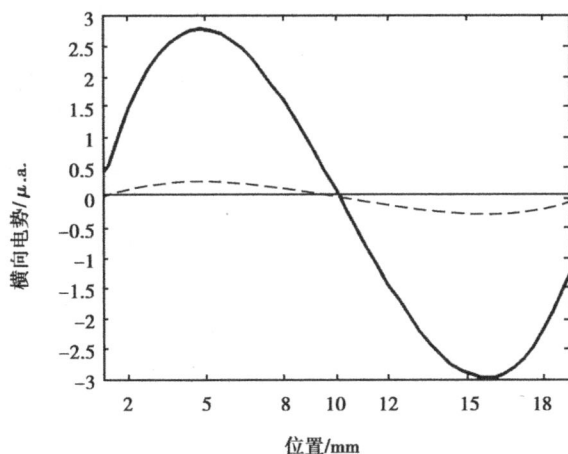

图 6.9　普通 PN 结和谐振增强型结构中 PN 结的横向电势

在谐振腔增强结构的 PSD 中,激活介质不同量子效率反映横向光电效应的大小。图 6.10 研究了激活介质不同量子效率时,横向电势的数值结果,其中图 6.10(a)和(b)分别对应的量子转换效率为 0.5 和 0.9。从数值结果来看,在较大的范围内,横向电势与位置间均具有很好的线性度。随着量子效率的增大,横向光生电势也增大。但在其边缘处始终存在非线性。

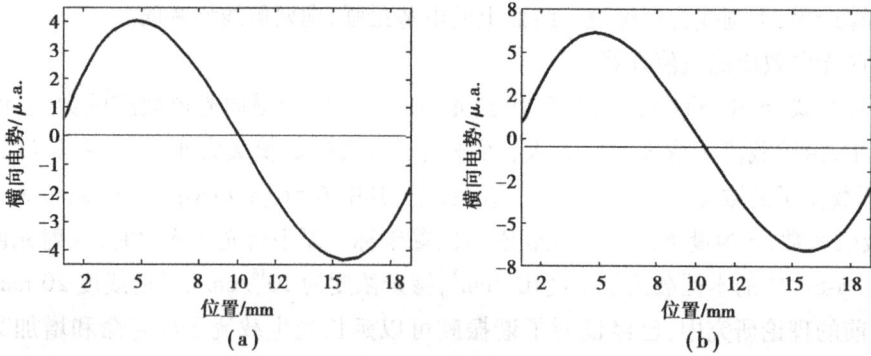

图 6.10　谐振结构 PN 结的横向电势

以上结果是我们利用差分求解 Poisson 方程和载流子的连续方程,对 PIN 结的横向电势进行了数值计算。结果表明,利用谐振腔增强结构的 PSD 中,激活介质的结面上,实现了横向光电效应增强,其横向光生电势较普通 PIN 结的横向光生电势至少要高一个数量级;而在结面上的中央区域,光生电势与位置间具有很好的线性关系,而在靠近边缘时,线性度降低,出现了明显的非线性。同时,我们也发现,这一结果与 Lucovsky 方程所得结果是一致的。因为,Lucovsky 方程的求解得到的光电流为不同频率的正(余)弦函数的叠加;另一方面,Poisson 方程和扩散方程决定了电势的分布,齐二次的 Poisson 方程的数值解也是正(余)弦函数,因此,理想情况下,电势的分布服从正弦或余弦规律。我们也注意到,光电流的形成实际也是光生载流子在横向电势差的作用下定向移动形成的,从这一点来说,Lucovsky 方程和 Poisson 方程是一致的。因而,横向光电效应在靠近边界时出现非线性也是不可避免的。

参考文献

[1] W. Schottky. Uber den enstelhungsort der photoelektronen in kuper-kuperjerox ydulphotoze-llen[J]. Phys. Z. 1930, 31, 913-925.

[2] J. T. Wallmark. A new semiconductor photocell using lateral photo-effect[J]. Proc. IRE, 1957, 45, 474-483.

[3] G. Lucovsky. Photoeffects in nonuniformly irradiated p-n junctions[J]. J. Appl. Phys., 1960, 31, 1088-1095.

[4] R. B. Owen, M. L. Awcock. One and two dimensional position sensing semiconductor detectors [J]. IEEE Trans. Nucl.Sci. 1968, NS-15(3):290-303.

[5] W. P. Connors. Lateral photodetector operating in the full revers-biased mode[J]. IEEE Trans. Electron Devices, 1971, ED-18(8):591-596.

[6] H. J. Woltring. Single- and dual-axis lateral photodetectors of rectangular shape[J]. IEEE Trans. Electron Devices, 1975, ED-22:581-590.

[7] W. Noorlag, Quantitative analysis of effects causing nonlinear position response in position sensitive photo detectors[J]. IEEE Trans. Electron Devices, 1982, ED-29, 158-161.

[8] P. Petersson and Lars-erik Lindholm, Position sensitive light detectors with high linearity[J]. IEEE Jour. of Solid-State Circuits, 1978, 13(3): 392-399.

[9] J. G. Broerman. Nonlinear background-to-signal coupling in lateral photoeffects[J]. IEEE Trans. Electron Devices, 1968, ED-15(11):860-864.

[10] M. Lampton, C. W. Carison. Low-distortion resistive anodes for two-dimensional position sensitive MCP system[J]. Rev. Sci. Instrum. 1979, 50(9):1093-1097.

[11] Hamamatsu technical data. Photonics K. K., Solid State Division, Position sensitive detectors, Product Catalogue, 1991.

[12] UDT Sensors. Standard Photodetector component catalogue, 1997.

[13] K. Lubke, G. Rieder, H. Thim, A high-speed high-resolution two-dimensional position

sensitive GaAs Schottky photodetector[J]. Sensors and Acutors, 1987(4): 317-322.

[14] A. K. Dutta, Y. Hatanaka. Design and performance of the mesh-type high-speed silicon optical position-sensitive devices (MEPSD) [J]. IEEE Trans. On Electron Devices, 1991, 38(3): 498-504.

[15] A. K. Dutta, Y. Hatanaka. A reduced capacitance concept for high-speed optical postion-sensitive-devices (PSDs)[J]. J. Lghtwave Technology, 1989, 8(5):780-783.

[16] A. K. Dutta, Y. Hatanaka. An analysis for design optimization of mesh-type high-speed optical position sensitive devices (MEPSDs) [J]. J. Lightwave Technology, 1990, 9(3): 409-413.

[17] A. K. Dutta, Y. Hatanaka. A study of the transient response of position-sensitive-detectors [J]. Solid-State Electronics, 1989, 32(6):485-492.

[18] A. K. Dutta, Y. Hatanaka. An analysis for the assessment of position distortion for fast excitation in two-dimensional position-sensitive devicees (PSDs) [J]. Solid-State Electronics, 1991, 34(8): 875-882.

[19] H. Muro, J. French. An integrated Position sensor using JFETs as a buffer for PSD output signal, Sensors and Actuators, 1990, A21-A23:544-552.

[20] A. Kawasaki, M. Goto, H. Yashiro, et al. An array-type PSD for light pattern measurement [J]. Sensors and Actuators, 1990, A21-23:529-533.

[21] J. Orban, L. Cser, L. Rosta, Gy. Török. A. Nagy. Design and experimental results of a large, position sensitive, multi-wire prototypc dctector developed at BNC. Nuclear Instruments and Methods in Physics Research Section A, 2011, 632(1):124-128.

[22] J. Fried, J.A. Harder, G.J. Mahler, D.S. Makowiecki, J.A. Mead, V. Radeka, N.A. Schaknowski, G.C. Smith, B. Yu. A large, high performance, curved 2D position-sensitive neutron detector. Detectors and Associated Equipment, 2002, 4(1):415-419.

[23] R. Engels, U. Clemens, G. Kemmerling, H. Nöldgen, J. Schelten. Positionsensitive detectors of the detector group at Jülich. Detectors and Associated Equipment, 2003, 50(2):147-149.

[24] 田蔚风，王俊璞，金志华. 基于 PSD 的静电陀螺仪角位移测量原理研究[J].仪器仪表学报, 2004, 25(3): 406-412.

[25] 张力平，张政，曹秉刚,等. 基于二维位置敏感探测器的空间对接过程研究[J]. 西安交通大学学报, 2007, 41(9):1110-1114.

[26] 刘京诚. 微小步行爬壁机器人驱动与位置检测技术及系统[D]. 重庆大学.

[27] 冯其波.激光多自由度测量方法综述[J]. 激光与红外, 2000(12): 331-333.

[28] 周富强,孙长库. 同时测量物体五维几何误差的新方法[J]. 计量学报, 1999(10): 249-252.

[29] 游素亚,徐光佑. 立体视觉研究的现状与进展[J]. 中国图像图形学报, 1997(1): 17-25.

[30] 张雨印. 半导体光电子学[M]. 上海:上海科学技术出版社, 1987.

[31] 田等先, 龚全宝, 张幼平,等. 半导体光电器件[M]. 北京: 机械工业出版社, 1982.

[32] 潘天明. 半导体光电器件及其应用[M]. 北京:冶金工业出版社, 1985.

[33] 缪家鼎. 光电技术[M]. 杭州：浙江大学出版社,2000.

[34] 黄梅珍,唐九耀,陈钰清. 一维 PSD 的光电性能解析研究[J]. 电光与控制, 2000(4)：55-59.

[35] S. Kalbitzer, W. Stumpfi. A nomogram for the design of position sensitive silicon detectors [J]. Nucl. Instrum. Meth., 1970(77):300-302.

[36] 黄梅珍,林斌,唐九耀,等. 四边形电极结构二维 PSD 非线性及失真分析[J]. 半导体光电,2000, 21(4):269-271.

[37] 陶忠祥,刘泽乾,宋建中. 光敏层电阻率非均匀分布对 PSD 定位影响的研究[J]. 光电子·激光, 2004,15(2):165-167.

[38] 陶忠祥,林明秀,王英霞,等. 光敏层电阻率非均匀分布对 PSD 定位影响的研究[J]. 光学技术,2005, 31(1): 84-89.

[39] 陶忠祥,单纯玉,宋建中. 四边型位置敏感探测器位置公式的改进[J]. 光子学报,2005, 34(4): 507-510.

[40] Guanghui Wang, Shun Ping, Guoliang Xu, Xuping Zhang. Position Detection Improvement of Position Sensitive Detector (PSD) by Using Anolog and Digital Signal Processing [J]. IEEE ICICS, 2007.

[41] C. Narayanan, A. B. Buckman, I. Busch-Vishniac, and W. J. Wang, Position dependence of the transient response of a position-sensitive detector under periodic pulsed light modulation [J]. IEEE Trans. on Electr. Devices, 1993, 40(9): 1688-1774.

[42] C. Narayanant, A. B. Buckmant, I. Busch-Vishniac, M. F. Beckert, R. W. Benet and R. M. Walsert, Frequency-multiplexed multiple beam optical position detector using phase detection [P]. SPIE Pro. 1993, Albuquerque, NM.

[43] C. Narayanan, A. B. Buckman, and I.Busch-Vishniac, Position detection of multiple light beams using phase detection [J]. IEEE Trans. On Instrum. and Meas. 1994, 43 (6): 830-836.

[44] Dahong Qian, Wanjun Wang, I. J. Busch-Vishniac, and A. B. Buckman, A method for measurement of multiple light spot positions on one position-sensitive[J]. IEEE Trans. On Instrum. and Meas. 1993, 42(1):830-836.

[45] C. Narayanan, A. B. Buckman, and I.Busch-Vishniac, Noise analysis for position-sensitive detectors[J]. IEEE Trans. On Instrum and Meas. 1997, 46(5):1137-1144.

[46] 黄翔东,王兆华. 全相位 FFT 相位测量法的抗噪性能[J]. 数据采集与处理,2011,26(3):286-291.

[47] 沈艳芳,陈丽花,陈星. 基于 FPGA 的全相位 FFT 高精度相位测量[J]. 电子测量技术,2011,34(8): 52-55.

[48] 邱良丰,刘敬彪,于海滨. 基于 STM32 的全相位 FFT 相位差测量系统[J]. 电子器件,2010, 33(3): 357-361.

[49] 黄翔东,王兆华,罗蓬,等. 全相位 FFT 密集谱识别与校正[J]. 电子学报,2011,39(1):

172-177.

[50] 付贤东，康喜明，卢永杰，等. 全相位 FFT 算法在谐波测量中的应用[J]. 电测与仪表，2012,45(554)：19-22.

[51] 谭思炜，任志良，孙常存. 全相位 FFT 相位差频谱校正法改进[J]. 系统工程与电子技术，2013, 35(1)：34-39.

[52] 贺同，陈星，洪龙龙. 基于 FPGA 的全相位 FFT 高精度频率测量[J]. 电子测量技术，2013, 36(8)：80-88.

[53] R. Martins, E. Fortunato. Dark current-voltage characteristics of transverse asymmetric hydrogenated amorphous silicon diodes[J]. J. Appl. Phys., 1995, 78(5):3481-3487.

[54] R. Martins, E. Fortunato, Static behaviour of thin-film position-sensitive detectors based on p-i-n a-Si：H devices[J]. Sensors and Actuators A, 1996, 51:143-151.

[55] E. Fortunato, G. Lavareda, R. Martins, et al. Large-area 1D thin film position sensitive detector with high detection resolution[J]. Sensors and Actuators A, 1996, 51:135-142.

[56] R. Martins, E. Fortunato, Static and dynamic resolution of 1D thin film position sensitive detector[J]. J. of Non-Crystalline Solids, 1996, 198-200:1202-1206.

[57] E. Fortunato, G. Lavareda, F. Soares, et al. Performances presented by large-area thin film position-sensitive detectors based on amorphous silicon[J]. Thin Solid Films, 1996, 272：148-156.

[58] A. Cabrita, J. Figueiredo, L. Pereira, et al. Thin film position sensitive detectors based on pin amorphous silicon carbide structures[J]. Applied Surface Science, 2001, 184：443-447.

[59] E. Fortunato , D. Brida, I. Ferreira, et al. Production and characterization of large area flexible thin film position sensitive detectors[J]. Thin Solid Films, 2001, 383：310-313.

[60] R. Martins, G. Lavareda, E. Fortunato. A linaer array position sensitive detector base on amorphous silicon[J]. Rev. Sci. Instrum. 1995, 56(11):5317-5321.

[61] E. Fortunato, F. Soares, G. Lavareda, R. Martins, A linear array thin film position sensitive detector for 3D measurements [J]. Jour. of Non-Crystalline Solids, 1996, 198-200：1212-1216.

[62] E. Fortunato, F. Soates, P. Teodoro et al. Characteristics of a linear array of a-Si：H thin film position sensitive detector[J]. Thin Solid Film, 1999, 337:222-225.

[63] E. Fortunato, R. Martins. New materials for large-area position-sensitive detectors[J]. Sensors and Actuators A, 1998, 68：244-248.

[64] R. Martins, E. Fortunato, Role of the resistive layer on the performances of 2D a-Si：H thin film position sensitive detectors[J]. Thin Solid films, 1999, 337, 158-162.

[65] E. Fortunato, I. Ferreira, F. Giuliani, et al. Flexible large area thin film position sensitive detectors[J]. Sensors and Actuators, 2000, 86：182-186.

[66] E. Fortunato, I. Ferreira, F. Giuliani, et al. New ultra-light flexible large area thin film position sensitive detector based on amorphous silicon [J]. J. of Non-Crystalline Solids,

2000, 266-269: 1213-1217.

[67] L. Pereira, D. Brida, E. Fortunato, et al. a-Si:H interface optimisation for thin film position sensitive detectors produced on polymeric substrates[J]. Jour. of Non-Crystalline Solids, 2002, 299-302: 1289-1294.

[68] A. Cabrita, J. Figueiredo, L. Pereira, et al. Performance of a-Si$_x$:C$_{1-x}$:H Schottky barrier and pin diodes used as position sensitive detectors[J]. Jour. of Non-Crystalline Solids, 2002, 299-302: 1277-1282.

[69] J. Henry, and J. Livingstone, A Comparative study of position-sensitive detectors based on Schottky barrier crystalline and amorphous silicon structures[J]. J. of Mater. Sci., 2001, 12: 387-393.

[70] J. Henry, and J. Livingstone, A comparison of layered metal-semiconductor optical position sensitive detectors[J]. IEEE Sensors Journal, 2002, 2(4): 372-375.

[71] J. Henry, and J. Livingstone, Wavelength response of thin film optical position-sensitive detectors[J]. J. Opt. A: Pure Appl. Opt., 2002, 4: 527-534.

[72] J. Henry and J. Livingstone, Thin-film amorphous silicon position-sensitive detectors[J]. Adv. Mater. 2001, 13(12-13): 1022-1026.

[73] J. Henry and J. Livingstone, Optical wavelength response of Ta/p-Si position-sensitive detectors[J]. Inter. J. of Electr. 2003, 90(10): 613-625.

[74] J. Henry and J. Livingstone, Optimizing the response of Schottky barrier position sensitive detectors[J]. J. of Phys. D:Appl. Phys. 2004, 37: 3180-3184.

[75] J. Henry and J. Livingstone, Aging effects of Schottky barrier position sensitive detectors[J]. IEEE Sensors J. 2006, 6(6):1557-1563.

[76] H. Aguas, L. Pereira, D. Costa, et al. Linearity and sensitivity of MIS position sensitive detectors[J]. J. of Materials Sci., 2004, 40:1377-1381.

[77] H. Aguas, L. Pereira, D. Costa, et al. Super linear position sensitive detectors using MIS structures[J]. Opt. Materials, 2005, 27:1088-1092.

[78] H. Aguas, L. Pereira, L. Raniero, et al. Investigation of a-Si:H 1D MIS position sensitive detectors for application in 3D sensors [J]. J. of Non-Crystalline Solids, 2006, 352: 1787-1791.

[79] J. Contreras, C. Baptista, I. Ferreira, et al. Amorphous silicon position sensitive detectors applied to micropositioning[J]. Jour. of Non-Crystalline Solids, 2006, 352:1792-1796.

[80] H. Águas, S. Pereira, D. Costa, et al. 3 dimensional polymorphous silicon based metal-insulator-semiconductor position sensitive detectors [J]. Thin Solid Films, 2007, 515: 7530-7533.

[81] R. C. G. da Silva, H Boudinov, and R.R.B. Correia, Design and development of two-dimensional position sensitive photo-detector[J]. Microelectr. J. 2005, 36:1023-1025.

[82] K. Tsuji, K. Hayashi, and J.H. Kaneko, et al. Development of high resolution position

sensitive UV detector based on highly oriented polycrystalline diamond[J]. Diamond & Related Materials 2005(14):2035-2038.

[83] H. Andersson, G. Thungstrom, A. Lundgren, et al. Processing and characterization of a position sensitive lateral-effect metal oxide semiconductor detector[J]. Nuc. Instr. and Methods in Phys. Res. A, 2004, 531:140-146.

[84] H. A. Andersson, C.G. Mattsson, G. Thungström, et al. The effect mechanical stress on lateral-effect position sensitive detector characteristics[J]. Nuc. Instr. and Methods in Phys. Res. A, 2006, 563:150-154.

[85] H. A. Andersson, K. Bertilsson, G. Thungström, et al. Processing and Characterization of a MOS-Type Tetra Lateral Position Sensitive Detector with Indium Tin Oxide Gate Contact[J]. IEEE Sens. J., 2008, 8(10): 1704-1709.

[86] H. A. Andersson, A. Manuilskiy, G. Thungström, et al. Principle FT spectrometer based on a lateral effect position sensitive detector and multi channel Fabry-Perot interferometer[J]. Measurement, 2009,42:668-671.

[87] D. Kabra, T.B. Singh, and K.S. Narayan, Semiconducting-polymer-based position sensitive detectors[J]. Appl. Phys. Lett. 2004, 85(21):5073-5075.

[88] K. Gnanvo, Z.Y. Wu, A. Labouret, The current-position response of a-Si:H thin film position sensitive detector and the R_{load}, R_{TCO} effects on it[J]. Solid-state Electr. 2000,44:1191-1195.

[89] 张新,王爵树,邢昆山. 两种2D-PSD器件结构分辨率特性的研究[J]. 集成电路通讯, 1995(3): 31-33.

[90] 张新,王爵树,邢昆山. 二维光电位置传感器(2DPSD)电极结构设计[J]. 集成电路通讯, 1993(2): 24-29.

[91] 张新,王爵树,邢昆山. 提高2D-PSD分辨率最佳离子注入条件研究[J]. 集成电路通讯, 1995(1): 11-14.

[92] 黄梅珍, 唐九耀, 林斌,等. 梳状型高线性度一维位敏检测器[J].光子学报,2000,29(8): 764-768.

[93] 唐九耀, 林进军, 孙晓斌. 枕型二维位置敏感探测器的研制[J].光学学报,2005,25(2): 233-236.

[94] 戚巽骏, 林斌, 陈浙泊,等. 一种二维近红外枕形Si基位置敏感探测器研制[J]. 光电子·激光, 2006, 17(10): 1208-1212.

[95] 袁红星, 贺安之, 李振华,等. 指示光源衍射所引起的位置敏感探测器附加定位误差的探讨[J]. 光学学报, 2000, 20(1):118-126.

[96] 吕爱民,袁红星,贺安之. 位置指示光源对PSD定位精度影响的使用研究[J]. 激光技术,2000, 24(3): 192-195.

[97] 袁红星,贺安之,李振华,等. PSD位置特性与光斑及背景的关系研究[J]. 东南大学学报,1999, 29(2):145-149.

［98］马春光,袁红星,贺安之. PSD 光斑定位中的干扰技术研究［J］. 测控技术与设备, 2001, 27(11)：42-44.

［99］Yuan H X, He A Z, Li Z H, et al. Analysis of effects of light intensity distribution in the phase method to determine the position of a light spot incident on a position sensitive detector ［J］. Micro. and Opt. Tech. Lett., 2000, 24(1)：40-45.

［100］袁红星,吕爱民,贺安之. 稳定背景下 PSD 的位置误差分析［J］. 传感器技术, 1998, 17(5)：33-36.

［101］吕爱民, 袁红星, 贺安之, 等. 测试条件对 PSD 位置精度的影响［J］. 传感器技术, 1999, 18(4)：43-44.

［102］袁红星,王志兴,贺安之. PSD 非线性修正的算法研究［J］. 仪器仪表学报, 1999, 20(3)：271-274.

［103］黄梅珍,施隆照,陈钰清,等. 四边形结构 PSD 的输出特性研究［J］. 光电子・激光, 2003, 14(7)：690-693.

［104］黄梅珍,林斌,唐九耀,等. 四边形电极结构二维 PSD 非线性及失真分析［J］. 半导体光电,2000, 21(4)：269-275.

［105］黄梅珍,林斌,唐九耀,等. 提高四边形电极结构二维 PSD 线性度的研究［J］. 仪器仪表学报,2002, 23(3)：268-270.

［106］黄梅珍,林斌,唐九耀,等. 不同阳极结构的二维 PSD 的电流位置输出特性［J］. 光电子・激光,2001, 12(8)：795-798.

［107］唐九耀,黄梅珍,陈钰清. 二维 PSD 的结构和性能分析［J］. 功能材料与器件学报, 2000, 6(3)：301-304.

［108］黄梅珍,陈钰清. 影响 PSD 线性度的因素,大珩先生九十华诞文集暨中国光学学会 2004 年学术大会论文集［D］. 杭州,2004.

［109］丁海峰,黄梅珍,李振庆. 角位置敏感探测器及有限元分析［J］.光学学报,2007,27(11)：2064-2069.

［110］黄梅珍,黄锦荣,窦晓鸣,等. 二维方框形结构 PSD 有限元分析［J］. 仪器仪表学报, 2005, 26(4)：382-385.

［111］施隆照,黄梅珍,杨小玲,等. 二维位置敏感探测器及信号处理器［J］. 传感器技术, 2002, 21(8)：20-22.

［112］Meizheng Huang, Longzhao Shi, Yuxing Wang, et al. Development of a new signal processor for tetralateral position sensitive detector based on single-chip microcomputer［J］. Rev. Sci. Instr. 2006, 77, 083301.

［113］尚鸿雁,张广军.光源连续扫描下一维 PSD 位置特性研究［J］.光电子・激光,2005,16(1)：40-44.

［114］尚鸿雁,张广军. 基于两种扫描方式的 PSD 的响应特性［J］. 仪器仪表学报,2005,26(11)：1130-1134.

［115］尚鸿雁,张广军. 脉冲光照射下一维 PSD 响应特性的研究［J］. 激光技术,2005, 29

（4）：429-432.

［116］尚鸿雁,张广军. 不同光源模式下位置敏感探测器响应特性分析［J］. 光电工程, 2005, 32(1)：93-96.

［117］尚鸿雁,张广军. PSD 位置响应特性与光源照射方式的关系研究［J］. 光学技术, 2005, 31(3)：445-448.

［118］尚鸿雁,张广军. 位置敏感探测器统一结构模型的分析［J］. 光电工程, 2005, 32(7)：89-92.

［119］尚鸿雁,张广军. PSD 动态响应建模方法的研究［J］. 仪器仪表学报, 2005, 26(12)：1286-1289.

［120］张广军,尚鸿雁,魏振忠. 激光自准直测角中零位畸变模型及仿真［J］. 机械工程学报, 2006, 42(6)：64-68.

［121］尚鸿雁. 激光自准直角度测量系统建模方法研究［J］. 测试技术学报, 2007, 21(2)：6-12.

［122］尚鸿雁. 二维 PSD 动态响应误差分析［J］. 红外与激光工程（增刊）, 2008(37)：302-305.

［123］尚鸿雁,张广军. 位置敏感探测器的动态响应误差分析［J］. 光电子·激光, 2006, 17(11)：1333-1338.

［124］尚鸿雁,张广军. 枕型 PSD 动态响应特性研究［J］. 传感器与微系统, 2007, 26(3)：34-36.

［125］Qingli Zhou, Kuijuan Jin, Huibin Lu, et al. Transport property in $SrTiO_3$ p-n junction［J］. Europhys. Lett., 2005, 71 (2)：283-289.

［126］Peng Han, Kuijuan Jin, Huibin Lu, et al. The mechanism study on transport properties in perovskite oxide p-n junctions［J］. Appl. Phys. Lett. 2007, 91, 182102.

［127］Jie Qiu, Kuijuan Jin, Peng Han, et al. A theoretical study on the transport property of the $La_{0.7}Sr_{0.3}MnO_3$/Si p-n heterojunction［J］. EPL, 2007, 7957004.

［128］Kun Zhao, Kuijuan Jin, Huibin Lu, et al. Transient lateral photovoltaic effect in p-n heterojunctions of $La_{0.7}Sr_{0.3}MnO_3$ and Si［J］. Appl. Phys. Lett. 2006, 88, 141914.

［129］Jie Xing, Kun Zhao, Guo Zhen Liu, et al. Enhancement of photovoltaic effect in $La_{0.7}Sr_{0.3}MnO_3$/Si heterojunction by side illumination［J］. J. Phys. D：Appl. Phys. 2007(40)：5892-5895.

［130］Na Zhou, Kun Zhao, Hao Liu, et al. Enhanced photovoltage in perovskite-type artificial superlattices on Si substrates［J］. J. Phys. D：Appl. Phys. 2008(41)：155414.

［131］Kuijun Jin, Kun Zhao, Huibin Lu, et al. Dember effect induced photovoltage in perovskite p-n heterojunctions［J］. Appl. Phys. Lett. 2007, 91, 081906.

［132］Kuijuan Jin, Huibin Lu, Kun Zhao, et al. Novel Multifunctional Properties Induced by Interface Effects in Perovskite Oxide Heterostructures［J］. Adv. Mater. 2009, 21：4636-4640.

［133］Leng Liao, Kuijuan Jin, Chen Ge, et al. A theoretical study on the dynamic process of the lateral photovoltage in perovskite oxide heterostructures [J]. Appl. Phys. lett. 2010, 96, 062116.

[134] Chen Ge, Kuijuan Jin, Hui bin Lu, et al. Mechanisms for the enhancement of the lateral photovoltage in perovskite heterostructures [J]. Solid State Commun. 2010, 150, 2114-2117.

[135] Songqing Zhao, Wenwei Liu, Limin Yang, et al. Lateral photovoltage of B-doped ZnO thin films induced by 10.6 μm CO_2 laser[J]. J. Phys. D: Appl. Phys. 2009, 42, 185101.

[136] Xiao S Q, Wang H, Zhao Z C, et al. Lateral photovoltaic effect and magnetoresistance observed in Co-SiO_2-Si metal-oxide-semiconductor structures[J]. J. Phys. D: Appl. Phys. 2007, 40, 6926-6929.

[137] S Q Xiao, H Wang, C Q Yu, et al. A novel position-sensitive detector based on metal-oxide-semiconductor structures of Co-SiO_2-Si[J]. New J. of Phys. 2008, 10, 033018.

[138] Yu C Q, Wang H, Yu X X. Giant lateral photovoltaic effect observed in TiO_2 dusted metal-Semic-onductor structure of $Ti/TiO_2/Si$[J]. Appl. Phys. Lett., 2009, 95(14): 141112.

[139] Yu C Q, Wang H, Xiao S Q, et al. Direct observation of lateral photovoltaic effect in nano-metal-films[J]. Opt. Expr., 2009,17(24): 21712-21722.

[140] Chongqi Yu, Hui Wang. Improved metal-semiconductor position detector with oscillating lateral photovoltaic effect[J]. Opt. Lett. 2009, 34(24): 3770-3772.

[141] C. Q. Yu, H. Wang. Tunable oscillating lateral photovoltaic effect in surface-patterned metal-semiconductor structures[J]. Opt. Expr. 2010, 18(21):21777-21783.

[142] C. Q. Yu, H Wang. Large Lateral Photovoltaic Effect in Metal-(Oxide-) Semiconductor Structures[J]. Sensors, 2010, 10(11):10155-10180.

[143] Du L, Wang H. Infrared laser induced lateral photovoltaic effect observed in Cu_2O nanoscale film[J]. Opt. Expr. 2010, 18(9): 9113-9118.

[144] Chongqi Yu, Hui Wang. Large near-infrared lateral photovoltaic effect observed in Co/Si metal-semiconductor structures[J]. Appl. Phys. Lett. 2010, 96, 171102.

[145] Lu J, Wang H. Large lateral photovoltaic effect observed in nano Al-doped ZnO films[J]. Opt. Expr., 2011, 19(15):13806-13811.

[146] Jing Lu, Hui Wang. Significant infrared lateral photovoltaic effect in Mn-doped ZnO diluted magnetic semiconducting film[J]. Opt. Expr. 2012, 20(19): 21552-21557.

[147] Tian Lan, Shuai Liu, Hui Wang. Enhanced lateral photovoltaic effect observed in CdSe quantum dots embedded structure of $Zn/CdSe/Si$[J]. Opt. Lett. 2011, 36(1): 25-27.

[148] Shuai Liu, Ping Cheng, Hui Wang. Bipolar resistance effect observed in CdSe quantum-dots dominated structure of $Zn/CdSe/Si$[J]. Opt. Lett. 2011, 37(17): 1814-1816.

[149] Chongqi Yu, Hui Wang. Light-Induced Bipolar-Resistance Effect Based on Metal-Oxide-Semiconductor Structures of $Ti/SiO_2/Si$[J]. Adv. Mater. 2010, 22(9): 966-970.

[150] Chongqi Yu, Hui Wang. Precise detection of two-dimensional displacement based on nonli-

near lateral photovoltaic effect[J]. Opt. Lett. 2010,35(25): 2514-2516.

[151] M. S. Unlu, K. Kishina, H. J. Liaw, et al. A theoretical study of resonant cavity-enhanced photodectectors with Ge and Si active regions[J]. J. Appl. Phys. 1992, 71(8): 4049.

[152] Y. Leblebici, M. S. Unlu, S. M. Kang, et al. Transient simulation of heterojunction photodiodes-part I: computation and methods[J]. J. Lightwave Tech. 1995, 13(3): 396-405.

[153] M. S. Unlu, B. M. Onat, Y. Leblebici. Transient simulation of heterojunction photodiodes-part II: analysis of resonant cavity enhanced photodetectors[J]. J. Lightwave Tech. 1995, 13(3): 406-415.

[154] M. S. Unlu, S. Strite. Resonant cavity enhanced photonic devices[J]. J. Appl. Phys. (Appl. Phys. Rev.), 1995, 78(2): 607-639.

[155] M. S. Unlu, M. Gokkavas, B. M. Ona. High bandwidth-effciency resonant cavity enhanced Schottky photodiodes for 800-850 nm wavelength operation[J]. Appl. Phys. Lett 1998, 72(21):2727-2729.

[156] J. B. Heroux, X. Yang, W. I. Wang. GaInNAs resonant-cavity-enhanced photodetector operating at 1.3 mm[J]. Appl. Phys. Lett. 1999, 75(18):2716-2718.

[157] M. K. Emsley, O. I. Dosunmu, M. S. Unlu. High-speed resonant-cavity-enhanced silicon photodetectors on reflecting silicon-on-insulator substrates[J]. Photon. Tech. Lett. 2002, 14(4): 519-521.

[158] M. S. Unlu, M. K. Emsley, O. I. Dosunmu, et al. High-speed Si resonant cavity enhanced photodetectors and arrays[J]. J. Vacu. Sci. & Tech. 2004, 22(3), 781-787.

[159] O. I. Dosunmu, D. D. Cannon, M. K. Emsley, et al. Resonant cavity enhanced Ge photodetectors for 1550 nm operation on reflecting Si substrates[J]. IEEE of Sel. Top. In Quant. Elect. 2004, 10(4): 694-701.

[160] H. Zogg, M. Arnold. Narrow spectral band monolithic lead-chalcogenide-on-Si mid-IR photodetectors[J]. Opto-Electron. Rev., 2006, 14(1): 33-36.

[161] Jianchuan Guo, Yuhua Zuo, Yun Zhang, et al. Simulation Research of Nonlinear Behavior Induced by the Charge-Carrier Effect in Resonant-Cavity-Enhanced Photodetectors[J]. J. of Lightwave Tech. 2007, 25(9):2783-2790.

[162] D. H. Kim, C. H. Roh, H. J. Song, et al. Electrical Characteristics of the Resonant-Cavity Separate Absorption, Charge, and Multiplication Avalanche Photodetector Improved by Device Optimization[J]. J. of the Kor. Phys. Soc. 2007, 50(3): 880-884.

[163] N. Quack, S. Blunier, J. Dual, et al. Mid-Infrared Tunable Resonant Cavity Enhanced Detectors[J]. Sensors, 2008(8): 5466-5478.

[164] Djuric Z, Jaksic D, Randjelovic D, et al. Enhancement of radiative lifetime in semiconductors using photonic crystals[J]. Infrared Phys. & Techn., 1999, 40(1):25-32.

[165] Chaomin Zhang, Pengfei Zhu, Fuxin Wang, et al. Enhancing the lateral photovoltaic effect

by coating the absorbing film on metal-oxide-semiconductor structure[J]. Applied Optics, 2011, 50(3): 127-130.

[166] A. A. ROGALSKI, S. I. SINGER. Associations of Elements of the Golgi Apparatus with Microtubules[J]. J. of Cell Biology, 1984, 99, 1092-1100.

[167] M. Born, E. Wolf. Principles of Optics[M]. fourth ed., Pergamon, Oxford, 1970.

[168] A. Yariv, P. Yeh. Optical Waves in Crystals[M]. Wiley, New York, 1984.